KB033298

개발의 새로운 방향

지구환경보전과 신앙

- 지구환경보전에 대한 신앙적 새로운 접근 -

마틴 팔머 및 빅토리아 핀레이 지음
심우경 · 최진아 · 안정록 옮김

출간에 부쳐

세계은행은 빈곤을 퇴치하기 위하여 애쓰고 있다. 동시에 지구의 생물다양성 보호도 해야만 한다. 이런 임무는 막중한 것이며 이를 위해 세계은행은 가능한 한 많은 동참자들이 필요하다. 이런 목표를 함께 수행하고 많은 경험을 가진 단체를 찾는 과정에서 세계은행이 해왔던 일을 넘어서는 단체를 찾을 필요가 생겼다.

이와 같은 이유에서 세계은행이 동반자로서 주요 종교계와 손잡은 것이다. 이런 일을 하면서 세계자연기금(WWF)이 세운 사례를 따르고 있다. 그래서 1986년에 세계자연기금 회장인 필립 공이 세계 5대종교 지도자들을 초청하여 환경운동 지도자들과 만나도록 초청하였다. 이 모임이 계기가 되어 생태적인 관점과 개발문제를 연계해서 다루는 주요 종교단체의 연계를 시켰다. 1995년에는 9대 종교와 수많은 환경운동가들이 동참했다. 그해 필립 공은 비정부단체(NGO)인 '종교와 보전연합회(Alliance of Religions and Conservation, http:/www.arcworld.org)'를 결성하고 이 단체가 일할 수 있도록 지원하고 확대시키고 있다. 세계은행이 이 단체를 결성하였고, ARC와 연계하여 일하고 있다.

이유는 간단하다. 현재는 11개 종교단체가 참여하고 있는데 이 종교인구가 세계 인구의 3분의 2에 해당되기 때문이다. 그들이 지구상

생물서식지 7% 가량을 소유하고 있고, 모든 학교의 54%를 이끌고 있으며, 이들 기관이 투자시장의 6~8%를 차지하고 있기 때문이다. 이와 같은 숫자는 개발에서 엄청난 몫을 차지하고 있는 것이다. 이들 종교단체는 세상에서 가장 오래된 기관이고, 우리가 경취하고 존경할 필요가 있는 살아가는 방법이나 어떻게 희망을 가져야 하는지에 대한 지혜를 가지고 있다. 이래서 우리가 종교기관이나 종교지도자들과 함께 일하는 것은 우리들에게 아주 당연한 일이다. 여러 쪽으로부터의 동참은 가능성 그 자체이고, 차이는 있지만 큰 힘이 되었다.

이와 같이 멋있고 다양한 세상에서 가능성은 충만하지만 함정이 되기도 한데 이런 모험을 도울 수 있는 안내를 받는 것은 중요하다. 이 책에서 마틴 팔머*가 우리를 안내를 하고 있고, 세상의 많은 개발사업과 경제발전에 새롭겠지만 많은 생각과 가능성을 제시하고 있으며, 내가 알기로는 실제로 실천하고 있는 분이다.

세계은행 회장(President, The World Bank)

제임스 월펜손(James D. Wolfensohn)

---

* 마틴 팔머(Martin Palmer)는 1995년 영국여왕 남편 필립공이 1995년 창립한 「종교와 지구보전연합회(Alliance of Religions and Conservation; ARC)」 사무총장(Secretary General)으로 실질적 회장 일을 하고 있으며, 캠브리지대학교 신학대학을 나온 후 종교들의 환경문제 참여를 독려하고 있고, 세계 각지의 聖地(the sacred places)를 보전하는 운동을 활발히 전개하며 영국 BBC방송국 고정 출연자이며, 공자를 비롯한 중국 성인들, 성지 보전 등에 관한 20여 권의 저서를 출간하여 세계 환경운동 방향을 주도하고 있는 분이다. 공동번역자 핀레이는 부인이며 소설가이다.
2015년 10월 3-4일 서울에서 개최되는 세계상상환경학회(Research Institute for Spiritual Environments Studies, 회장 심우경) 창립총회 및 학술대회에 기조연설자로 초청받아 10월 3일 강화군에서 주관한 마니산 참성단 개천절 행사에서 참배하고, 4일 고려대 오정강당에서 개최된 학술회의에서 '성지보전의 의의와 ARC의 역할'에 대해 발표했다.

머리말

당신이 나무를 심느라 바쁜데 누군가가 메시아가 나타나 종말이 닥아 오고 있다고 황급히 얘기하는 것을 상상해 보라. 당신은 어떻게 할 것인가? 전통적인 유대교 얘기 속에서 납비들에 의해 주어진 충고는 당신은 나무 심는 것을 끝내고 나서 소식이 진짜인지 가서 보고 확인해라. 이슬람 전통에서도 비슷한 얘기가 있는데 그들의 손에 야자나무 삽수가 있는데 심판의 날이 왔다면 삽수를 심는 것을 잊어서는 안 된다는 것이다.

환경을 다루는 세계에는 종말이 왔다는 측과 장래를 위해 나무를 심어라고 하는 두 부류 속에 긴장감이 맴돌고 있다. 예를 들어 1992년에 많은 언론매체에서 리우회의가 있기 전에 리우의 '지구 정상회의'가 지구를 살릴 수 있는 마지막 회의가 될 것이라고 했다. 그리고 참으로 환경단체들로부터 나온 많은 주요 언론매체들이 사람들로 하여금 놀라서 행동으로 옮기기를 진심으로 바라면서 파괴가 임박하고 무서운 그림을 그리고 있다.

매년 이 단체들은 우리가 살고 있는 지구의 일부가 천천히 그러나 분명히 끝나가고, 오염되고, 물고기가 다 죽어가고, 사냥할게 없어지고, 지나치게 건설하고 나무를 잘라 버리고 없애버린다는 의심을 넘는 정보를 모아왔으며 가장 차가운 표현으로 그저 잃어버린다는 것이다. 인간의 행동들이 지구온난화를 부추기고 바다의 많은 희귀종이 사라지며(대구는 부주위한 포획으로 거의 멸종상태이다), 한 세대 만에 숲이 완전히 파괴되며, 사막이 늘어난다는 사실이 점점 분명해지고 있으며, 여전히 놀랍다. 세상에는 수많은 단체들이 이 세상의 건강이 나빠지고 있으며 듣고 있는 사람들에게 긴급한 행동을 취하라고 경고하고 있다. 그런 단체들은 어느 통계숫자가 보여 질 수 있는 것 보다 우리의 공포를 야기 시키는 더욱 선명한 그림으로 계시록적 모습을 그려 종말 이유를 가끔 성경적이거나 힌두교적인 생생한 언어로 빠지곤 한다.

엄청나게 감정적인 언어가 앞에서 얘기한 유대교적인 종말이 와서 우리가 가장자리에 처한 상황을 느끼도록 사용되고 있다. 예를 들어 환경과 개발에 관한 유엔 회의의 사무총장인 모리스 스트롱(Maurice Strong)은 2000년에 선언했다:

> 나는 우리가 막 진입한 새로운 천년은 인류의 운명을 결정짓게 될 것이다. … 이번 세기의 첫 번째 30년이 결정적일 것 같다. 우리가 이 기간 동안 멸종을 맞이하는 것이 아니라 생존을 결정하거나 우리가 알고 있는 인간 생명을 단축시키는 되돌릴 수 없는 방향으로 고정될 것이다. 대부분이 신이라고 부르는 모든 생명체의 신성은 분명히 더욱 역설적인 도전과 함께 우리에게 존재하지 않을 수 있는 것이다.

오늘날 우리가 직면하고 있는 환경적 울부짖음은 단순히 정보, 지식, 기술의 단순한 문제라면 이러한 위험으로부터 빠져나올 수도 있을 것이다. 30년 이상을 세계 주요 연구소들, 과학자들 정부들, 그리고 거대한 NGO 단체들은 우리가 지구를 얼마나 오염시키고 있는지를 상세하게 분석했고, 자료를 가지고 있다. 1972년 이후 거대한 국제

회의가 이런 사람들에게 함께 세계의 상태에 대해 논의하도록 해 왔다. 매년 세계보전연맹(World Conservation Union)은 아주 상세히 종과 서식지 소멸을 기록한 멸종위기 종 자료를 출간하고 있다. 오늘날 매우 특별한 용어로 지구온난화 문제를 논의할 수 있다. 열대림과 파괴와 세계의 심각한 서식지 손실을 보여주는 자료는 책이나 신문, 또는 영화로 언급되고 있다.

그러나 위기는 여전히 우리와 함께 있다. 이에 대한 지식으로만은 충분하지 않다. 이 머리말의 서두에 언급한 두 가지의 얘기는 이러한 모든 정보는 훨씬 알아보기 쉽게 보다 넓은 틀로 정리되어야 한다. 예를 들면 열대림 파괴에 대한 유명한 사례를 보자. 1972년 스톡홀름에서 개최된 환경에 관한 첫 번째 주요 유엔 모임에서 과학자들이나 환경론자들은 많은 나라들이 돈을 벌기 위해 그 나라들의 열대림을 팔고 있었고(가난뿐만 아니라 평등 이유 때문에), 따라서 침식이 발생되고 토양이 척박해졌다. 이러한 사례를 보여준 전문가들은 그들의 방청객들이 열대림의 손실이나 산림의 파괴를 막는데 대해 의견을 같이 할 줄 알았다. 그러나 모든 사람들이 들을 거라는 기대는 빗나갔다. 수많은 정치인들과 기업가들은 고국으로 돌아가 모든 열대림을 큰돈으로 살 수 있다고 그들의 상부에 보고했고 스톡홀름 회의 후 열대림 파괴 비율은 더욱 늘어났다. 이것은 일부로 회의가 열대림의 상품적 가치에 눈을 뜨게 했다. 정치가들이나 환경운동가들은 같은 자료를 가지고 있었다. 그러나 그들은 다른 추정, 다른 가치관, 다른 틀을 가지고 있었다.

결국 환경의 위기는 마음의 위기이다. 그리고 뿐만 아니라 적절한 개발은 궁극적으로 마음의 적절한 개발이다. 우리는 보고 행동하며 우리기 생각하는 것 자체이며, 우리가 생각하는 것은 우리의 문화, 신앙, 믿음에 의해 모양새를 갖춘다. 이러한 점이 과거 수십 년 동안의 특별한 운동의 하나가 모양새를 잡기 시작했던 이유이다. 왜냐하면 환경운동가들의 정보가 유용하기 위해 가치관이나 믿음의 틀이 필요했다면 원래적인 다국가들, 거대한 국제단체나 사람들의 연계망보다 연합체에 돌리는 것이 더 낫지 않았을까? 왜 세상의 주요 종교에 돌리지 않을까?

1986년 세계야생물기금(WWF)이 5개 주요 신앙들-불교, 기독교, 힌두교, 이슬람 그리고 유대교-을 이태리 아씨시에 초청하여 그들이 환경문제에 어떤 일을 할 수 있었는가를 확인했던 것이 바로 이것이다. 종교들의 만남은 매우 성공적이어서 당시 세계야생물기금 회장이셨던 1 존경하는 필립공이 1995년 새로운 국제적 비이익단체인 종교와 지구환경보전연합(Alliance of Religions and Conservation, ARC)을 설립했다. 2000년에 이르러 6개 종교- 바하교, 도교, 자인교, 신도 시킴교, 조로아스타교(배화교)가 연합에 더 추가되어 11개 종교가 되었고, ARC가 60개 국가에서 활동하고 있다. 이 단체의 역할은 야생물기금, 영국방송협회, 세계은행 같은 다양한 단체들과 협조 하에 주요 신앙단체가 환경프로그램을 개발하도록 돕는 일을 하고 있다. 연합역할의 일부로 각각의 신앙들은 환경에 대한 믿음과 관련을 요약하여 성명서를 작성하도록 했다. 이러한 성명서들은 이 책의 2장에서 다뤘다.

세계은행의 후원 아래 준비된 이 책은 어떻게 종교들이 해야 하는지와 이 세상이 모든 생명체가 더욱 살기 좋은 곳으로 만드는데 있어서 환경적, 개발운동과 합류하는 것이 늘어나고 있는 것을 보여주고 있다. 그렇지 않으면 신앙들이 보다 시적으로 아마 더욱 멋있는 말로 그것을 모든 게 창조라 할 것이다.

옮기면서

지구환경이 파괴되어 인류의 생존을 위협하고 있는 상황에서 각종 대처방안이 강구되고 있는 실정이나 갈수록 악화되고 있는 지구환경을 살릴 방안이 뚜렷하지 않아 불안하기만 하다. 그간 과학적인 방법을 동원하고 생태적 접근을 시도해 봤으나 나아진 것이 없게 되자 서구에서는 신앙적 접근 방안을 강구하기에 이르렀다.

이미 1916년 예일대학교 사회학과의 Keller 교수는 그의 저서 『*SOCIETAL EVOLUTION*(THE MACMILLAN COMPANY, New York)』에서 환경을 물리적 환경(physical environment), 사회적 환경(societal environment)로 나누고 있는데 제3의 환경인 각종 神을 위한 상상환경(imaginary environment)을 복원해야 한다고 강조한 바 있으며, 6.25 때 납북된 손진태는 그의 유작 『朝鮮上古文化의 연구(고려대 박물관, 2002)』를 통하여 Keller의 주장을 인용하며 상상환경 복원의 중요성을 강조한 바 있다.

또한 UCLA White교수는 1967년 「Science 155(3767) : 1203 - 1207」지에 "지구 생태 위기의 역사적 근원(The Historical Roots of Our Ecological Crisis)에서 종교가 바뀌지 않는 한 지구 생태계는 회복될 수 없다는 극단적인 글을 발표한 바 있고, 이어 슈마허(Schumacher, E. F.)의 『작은 것

이 아름답다(Small is Beautiful, Blond & Briggs, 1973)』나 리프킨(Rifkin, J.)의 『엔트로피(Entropy, Bantam 1981)』도 같은 맥락의 내용으로 지구환경 보전을 위해서는 서구의 유일신 종교에서 동양의 다신교 신앙적 태도가 중요하다고 역설하였다.

이어 하버드대학교 세계종교연구소 주관으로 '주요 종교와 생태학'을 주제로 1995년부터 1998년까지 10여 차례 국제심포지엄을 개최하고 결과를 책으로 엮어 각 종교가 지구생태를 어떻게 생각하고 있는지를 파악하고자 하였다. 또한 영국 필립 공이 「종교와 보전 연합체(Alliance of Religions and Conservation: ARC)」를 창립하여 현재 11개 종교단체와 80개국에 걸쳐 종교를 통한 지구환경보전에 힘쓰고 있으며, UN 산하 NGO단체 중 가장 적극적인 활동을 펼치고 있다.

본서는 ARC사무총장으로 실질적 회장역할을 하면서 세계 주요 11개 종교단체와 함께 지구환경보전운동을 적극적으로 전개하고 있는 마틴 파머(Martin Palmer)가 환경보전운동의 경험담과 11개 종교단체가 지구환경보전의 변을 담은 책으로 가장 실질적인 정보를 담고 있으며, 우리나라 환경정책과 환경지킴이들에게 새로운 방향을 제시할 수 있는 훌륭한 지침서라고 사료되고, 경기가 어려운 상황에서도 출판을 감행한 미세움 강찬석 사장님과 직원 여러분들께 사의를 표하며, 바쁜 중에 번역을 도와 준 최진아 양과 안정록 군에게도 고마움을 전하다.

2016. 10. 15

옮긴이 대표 심 우 경

INTRODUCTION TO THE KOREAN EDITION OF FAITH IN CONSERVATION

I am delighted that Faith in Conservation is now available to our Korean friends and that the ideas, visions and hopes which this book first expressed in 2003 are still felt to be of importance so many years later.

When His Royal Highness The Prince Philip, Duke of Edinburgh and I started this linking of religion and conservation in 1986 we little dreamed that it would become the huge worldwide movement that it is today. Thirty years ago it was very difficult indeed to persuade any secular organisation to take religion seriously as a partner in saving this wonderful living planet.

Today, every major secular organisation from the United Nations, through the World Bank to governments such as Germany want to work with the faiths as partners. This change is part of the rise of civil society as a significant international force alongside the traditional role of nations and international organisations such as the UN.

I am already delighted at the initiatives arising within South Korea to create a new institution, Research Institute for Spiritual Environment (R.I.S.E: President Sim Woo-Kyung) on October 4, 2015 to take seriously the ideas and visions expressed in this book. I hope and pray that the book will inspire many more to join this exciting journey of our great faiths in their pilgrimage to save our living planet.

Martin Palmer,

Bath, England 17th September 2016

한국 독자님들에게 『지구환경보전과 신앙』 한국어판을 소개하며

『지구환경보전과 신앙』을 한국 분들이 읽을 수 있게 되었고, 이 책이 2003년 처음 출간되었을 때 강조하고자 했던 생각이나 전망, 희망들이 많은 세월이 지났음에도 아직도 중요하게 받아들이고 있어 매우 기쁘게 생각합니다.

존경하는 필립공과 제가 1986년에 종교와 지구환경보전을 연결시키려 했을 때 오늘날같이 세계적인 운동으로 전개될 줄은 꿈도 꾸지 않았습니다. 30년 전에 세속적인 단체들을 설득시켜 이 아름다운 지구를 살리는 동반자로 종교를 끌어들이는 것은 참으로 어려운 일이었습니다.

오늘날 유엔 산하의 모든 주요 단체들은 독일 같은 정부들이 세계은행을 통하여 신앙과 동반자가 되어 함께 일하기를 원하고 있습니다. 이와 같은 변화는 유엔 같은 국제적 기구나 국가의 전통적인 역할과 함께 중요한 국제적 힘의 시민사회 등장의 일부입니다.

저는 한국사회가 주도적으로 이 책에서 강조한 생각과 전망을 신중하게 받아들여 새로운 학회 세계상상환경학회(회장 심우경)가 2015년 창립했음에 매우 기쁘게 생각합니다. 저는 이 책이 우리가 살고 있는 이 지구를 구하기 위한 순례에서 우리들의 위대한 신앙들의 흥분되는 여정이 많은 사람들에게 영감을 주기를 희망하고 기도하겠습니다.

마틴 팔머

영국 바스에서 2016년 9월 17일

세계상상환경학회 창립 및 저자 팔머 씨 축사
(중앙 외국인. 2015. 10. 4. 고려대 오정강당)

차 례

제1부

다른 세상들

1. 바뀌고 있는 세상들

오! 아담 애들이여... 먹고 마셔라: 그러나 알라신은 버리지 않는 자들을 사랑했기에 지나치게 버리지 말지어다.

- 코란경 수라 7:31

1989년에 공산당이 몽골을 쳐들어갔을 때 거기에는 등록된 세 명의 승려가 있었다. 오늘날 정부와 세계은행과 함께 불교와 많은 복원된 사원들은 이 나라를 위한 개발의 바탕이었고 환경프로그램이었다.

폭발음이 수마일 떨어져서도 들을 수 있었다. 밤에도 밤하늘을 향하여 솟구치는 거대한 물보라를 접견할 수 있었다. 그런 다음 거대한 상어같이 조그만 배가 죽었거나 죽고 있는 물고기들을 쓸어 담곤 하였다. 물고기뿐만 아니었다. 다이너마이트로 물고기를 잡던 어부들에게 그런 밤에는 탄자니아 해안가 물속에서 헤엄치고 있던 어떤 것도 요란한 굉음 속에 죽었다.

수세기 동안 탄자니아의 해안가에서 이슬람교도 어부들은 이러한 물속에서 고기를 잡아왔다. 잔지바 혹은 마사리(Zanzibar or Masali)같은 섬에 기지를 두고 그들은 그들의 식량이나 사회의 존속을 위하여 바다에 의지하며 살아 왔다. 매우 종교적으로 이 가난한 사회는 여러 세대를 거치면서 살아오고 있었다. 그런데 누군가가 다이너마이트를 도입했다. 그 결과는 극적인 것이었다. 수세기 동안 어부들은 밤에 물고기를 잡기 위해 적당한 장소에 더 깊고 넓게 그물을 쳤었다. 이제는 다이너마이트 꾸러미를 던짐으로써 충분한 물고기를 잡을 수 있었고 시간도 별로 들지 않았다.

그들이 잘 모르는 것(그들의 사업을 생각해 보지도 않은 것)은 그들이 하고 있는 행위가 산호의 연약한 생태계뿐만 아니라 오래 살아야 할 터전도 심각하게 파괴시킨다는 사실이었다. 다이너마이트는 어부들도 일부분인 자연의 섬세한 균형을 엄청나게 파괴시켜버리는 것이다. 전통어업 방식은 어린 치어들이 그물망을 빠져나가 나중에 잡도록 하는 반면 다이너마이트로 잡는 것은 성어뿐만 아니라 치어도 모조리 잡아버리는 것이다. 폭발은 또한 물고기가 살고 있는 환경도 파괴시켜버리는 것이다. 다이너마이트는 플랑크톤을 죽이고 산호 군락을 깨트려버리며 많은 식물들을 없애버리고 물고기가 사는 서식지마저 없애버리는 것이다. 종국에는 물고기 서식지가 죽어 없어지고 어부들과 그들 사회가 물고기 포획양이 줄어들거나 물고기를 잡기 위해 먼 바다로 가야만 한다. 결국에는 아무 이득이 없는 것이다.

그러나 폭약으로 물고기를 잡는 것은 한꺼번에 많은 물고기를 잡을 수 있어 극적이고 재미있었다. 그래서 문제는 어부들에게 그들이 일으키는 장기적 문제들을 이해시키는 것이었으며, 더 이상 다이나마아트를 사용하지 못하게 하는 것이었다. 전 세계 많은 정부들이 하고 있는 환경문제의 일종이며 이점을 설득시키고 있다. 처음에는 탄자니아 정부나 관련 환경단체들도 마찬가지였는데 그들은 교육프로그램을 시작했다. 그러나 변방의 대다수 어부들은 교육프로그램을 읽을 수 없었고 정부 홍보자료에 관심을 두지 않았으며 NGO단체들이 제공하는 자료를 거의 보지도 않았다. 그러자 법을 제정하게 되어 다이너마이트를 사용하는 어업을 금지시켰다. 그로나 다시금 그런 단체들은 그런 법을 무시하는 것에 대해 자부심을 보였다. 그래서 종 다양성

문제와 관련된 국제단체들이 보낸 과학자들이 주 섬에 도착했다. 그들은 자기들 먹을 것과 텐트를 가져와 어부들 사회와 같이 지내는 것이 아니라 숲 속에서 따로 지냈다. 문제점을 3주째 파악한 이들은 특별한 결론을 내렸다. 유일한 해결책은 정부로 하여금 무장한 순찰요원들을 보내 소탕하거나 다이너마이트를 사용하는 어부들을 최소화시키는 것이었다.

이 과학자들은 종의 생존에 집중하였지만 가장 중요한 종인 인간을 배제하였던 것이다. 부분적인 이유는 과학자들이 어부들이나 그 가족들이 어떻게 지내고 무엇을 먹는지에 대해 알려고 하지 않고 숲 속에서 따로 지낸 것이었다. 그러나 부분적으로는 인간사회를 식물이나 동물 같은 환경의 일부로 비중을 두는 것이 아니라 생태나 환경에서 인간사회를 무시하는 이상한 문제점으로부터 연유되었다. 그 점을 따져보면 정부는 백성들이 불법을 자행하더라도 죽이지 않는다는 건성의 엄격한 방법을 강구하였다. 그래서 문제는 끌려가야만 했다. 그러다 간단명료한 해결방안이 개발되었다.

동아프리카 해안의 어촌들은 대개가 이슬람교도들이고 그 사회에서 강력한 힘을 가진 추장의 종교적 지도력 아래 조직되었다. 도시에서 멀리 떨어진 공무원들 같지 않게 추장은 그들 사회의 중요한 인물이었다. 어촌마을의 삶의 기초는 코란과 관습법 그리고 전통과 종교의 풍습에 매달리는 이슬람교이다. 이슬람교가 그들의 생활을 규합시키고 있고 그들이 보는 세계관을 제공하고 있다.

1998년에 몇 개의 NGO 단체들(국제 CARE, 국제 WWF, ARC 그리고 생태와 환경과학 이슬람 재단)과 합류하여 미사리 군도의 추장들은 신의 창조를 적절히 이용한 이슬람교의 가르침을 함께 찾아보았다. 이런 공부를 통하여 추장들은 다이너마이트를 사용하여 어업을 하는 것은 이슬람교 교리에 배치된 다는 결론을 내리게 되었다. 그들은 코란경의 '오, 아담의 어린이들아!.... 먹고 마셔라: 그러나 알라신은 낭비를 싫어했으니 과다히 낭비하지 말아라'(Surah 7:31). 낭비를 못하게 하는 예언자 마호멧에 관한 이야기들(5장 참조)은 어부들이나 사회에 확인시켜주었고 그들이 하는 행위는 신의 요구에 위배된다고 확인시켜줬다.

2000년에는 미사리 군도와 주변의 조그만 섬들의 이슬람교 지도자들이 다이너마이트 어업을 금지시켰고 이 법을 위반하면 신의 노여움을 받게 된다고 가르쳤으며, 불사의 영혼에 위험이 초래된다고 가르쳤다. 다이너마이트 어업이 급격히 줄어들었다. 3년 후 과학자들과 생태학자들과 그들 종교의 심오한 통찰력이 함께 협력하여 그 사회는 지속가능한 어업으로 발전되고 있다. 정부 법이나 불법에 대한 위협은 실패했었지만 이슬람교와 보전단체들의 환경적 통찰력이 협조하여 소기의 목적을 달성하게 된 것이다. 그리고 이런 결과는 사람들의 문화나 세계관 안에서 간단한 이유로 그런 결과를 낳았고 이런 결과는 생태적 정보로부터 나온 것이 아니라 신성한 경전 안에 있는 인간성을 심오하게 이해하는데서 연유된 것이었다.

누구의 세상인가?

우리 모두는 세상이 더 나아지기를 원하고 있다. 문제는 누구의 세상인가? 와 어떻게 변화시킬 수 있느냐다. 우리는 많은 세상에 살고 있다. 나는 여러분들이 낙천적인 세상과 비관적인 세상 중 한곳에 살고 있으리라 확신하고 있는데, 두쪽 사람들은 똑같은 물잔을 보고 한쪽은 물이 전반 비었다고 보고, 또 다른 쪽은 절반이 차있다고 본다.

예를 들어 여우를 들어 보자. 당신은 여우를 어떻게 생각하고 있나?

어떤 사람에게는 여우는 단지 붉은 색깔의 포유동물일 뿐이고, 어떤 사람에게는 야생동물이 도시에 적응이 된 고전적 예로 볼 것이며, 또 다른 쪽은 말을 타고 사냥하는 사냥감으로 보일 것이다. 몇몇 동물 애호가들에게는 여유는 도시화된 자연 속에 살아남은 상징물이고, 정원에서 빵 쪼가리를 주며 키우는 사람들에게는 새끼들을 데리고 다니는 아름다운 동물로 볼 것이다. 여러 나라의 만화가나 이야기꾼들에게 여우는 교활하고 약삭빠른 동물이며, 양계장 농부에게는 닭을 잡아먹어 버리는 위험한 녀석으로 보일 것이다. 힌두교도나 불자들에게 여우는 영혼 그 자체이며, 전생에서 만났던 동물일 수도 있다. 일본 사람들에게는 악마가 이 동물의 탈을 쓰고 인간에게 다가오는 무서운 녀석이다.

그래서 다시 물어보자. 여우는 무엇인가? 우리는 답을 이렇게 해야만 한다: "당신의 생각에 달려 있다." 우리 주변의 모든 일이 마찬가지다. 우리는 우리가 믿는 대로 사물을 이해하고 있다. 당신이 만약 사냥이 나쁜 짓이라고 생각한다면 당신은 여우, 들소 혹은 호랑이 같은 동물로 볼 것이다. 당신이 만약 사냥꾼이라면 당신은 다른 측면으로 볼 것이다. 당신이 소시지를 좋아한다면 돼지를 생각할 것이다. 당신이 채식가라면 돼지를 다른 측면으로 볼 것이다. 만약 세상이 당신이 원하는 또는 당신이 원할 때대로 된다고 믿는다면 당신은 그것은 신의 사랑이라고 믿거나 모든 생명 그 자체가 신의 일부분이라고 믿는 사람과 마찬가지로는 취급하지 않을 것이다.

당신이 믿는 것은 당신이 보는 것에 의미를 준다. 그것은 당신이 세상의 안위를 어떻게 보고, 처리하고, 존경하는지를 결정한다. 세상을 더 나은 세상으로 만들려는 사람에 도전은 다른 세상의 관점과 다른 경험들을 함께 묶는 것을 돕는 것이다. 다른 세상들이 있다는 것을 인식하지 못한다면 모든 사람들이 당신이 하는 대로 봐달라고 주장하면 자기들의 세상이 무시당했다고 느끼는 주요한 동지들을 잃을 수 있다. 다른 세상들을 보고 존경하는 것은 무한한 가능성을 열어준다.

숲에 대한 두 가지 생각

레바논의 해안선은 지난 20년간 엄청나게 개발되어 왔다. 도읍지들 조성이 해안가를 따라 쭉 이어졌고 거대한 콘크리트 집과 도로들이 언덕 뒤로 펼쳐지며 북에서 남으로 펼쳐져 오고 있다. 가끔은 해안가를 달리는 것은 교외지역을 가로지르는 고속도로를 달리는 것같이 보일 수 있다. 결과적으로 레바논 해안의 자연환경은 전례 없는 개발압력 아래 놓여 있다. 이것이 지중해 연안에 나타나는 가장 극적인 한 사례인데; 희귀한 생태계를 파괴시키며 지중해 연안이 곧 콘크리트로 감싸질 것이라는 위험을 무릅쓰고 있는 것이다.

이러한 급속한 개발에 대응하여 유엔환경프로그램(the United Nations Environmental Program: UNEP)과 다른 환경기구들은 지중해 연안을 최우선 대상지역으로 밝히고 그곳을 돕기 위한 특별 팀을 구성했다. 국제 WWF는 지중해의 교・관목 200종을 세계 생태계에서 가장 중요히 보호해야 하도록 정하고 있다. 1900년대 후반 찍은 항공사진은 프랑스, 그리스, 터키 그리고 아마도 가장 극단적인 레바논 같은 나라들의 교, 관목 숲이 개발에 의해 감소된 정도를 집중 조명했다. 희망의 파란 불은 베이루트 북쪽의 세 언덕을 덮고 있는 상당한 면적의 고대 숲이 발견되면서부터였다. 특별 팀으로부터 온 연구자들은 하리사 숲

(the forest Harisa)이라는 잔존하는 숲을 발견하고는 놀랐고 기뻤으며, 보호대책을 바로 착수했다.

그들은 이 희귀하고 억척스런 숲의 산주를 접촉했고 이 숲을 보존할 국내외법을 준수할 약속을 요구하는 48쪽의 과학적, 경제적, 법적 서류를 그들에게 보냈다. 특별 팀 사람들의 국제관계에서 볼 때 이러한 법들과 과학적 증거의 무게는 엄청난 것이었다. 그들은 좋을 일을 하고 싶었고 그들이 하고 싶은 바대로 좋은 결과가 나올 수 있도록 산주 조직을 돕는데 열중했다. 그들은 대답을 듣지 못했다. 이와 같은 일은 드르즈파 사람들(Druze)과 마로나이트(Maronite) 기독교도들에 의해 운영되고 있는 지역 환경단체들에게 왜 일을 해야 하는지를 설득하는 지혜를 얻었다.

하리사 숲은 레바논 마로나이트 기독교에 속했다. 이 교회는 아마도 1,500년 이상 수세기 동안 이 숲을 소유하고 있었다. 이 교회의 성직자들이나 의사 결정자들은 숲의 아름다움이나 환경적 중요성을 모르는 바 아니었으나 그 숲을 위한 깊은 의미도 있었다. 이 숲은 레바논 성모의 성림으로 알려지고 있고, 그 중앙에는 많은 사람들이 레바논 수호신으로 보는 거대한 옥외 성모마리아 상이 있는 성모마리아 성당이 있다. 그러나 환경운동과 과학자들의 절박함을 호소하는 이상한 말로 기록된 특별 팀의 서류에는 숲의 영적, 문화적, 역사적, 정서적 중요성을 언급하는 내용이 없었다. 그 저자들은 하리사 숲의 세계를 보지 않았고 결과적으로 교회와 교인들과 의견교환을 할 수 없었다.

새로운 접근이 필요했다. ARC와 WWF는 벌써 자연계에 대한 주민들의 종교적 전통과 믿음을 바탕으로 한 공동체들이 만든 환경에 대한 행위를 인식하도록 설계한 살아 있는 지구를 위한 신성한 선물(Sacred Gifts for a Living Planet)이라고 불리는 프로그램을 가지고 있었다.

성림 하리사를 보호하는 것은 신성한 선물의 이상적인 표본이 돈 것 같았다. 이러한 생각으로 ARC와 지방 숲 개발 및 보전연합회 (Association for Forest Development and Conservation: AFDC) 대표들은 마로나이트 교회 대표를 만나러 갔다. 마로나이트 대주교의 궁전은 하리사 자체의 성림 안에 있다. 30분 내에 대주교는 이 숲을 영원히 보호하도록 교회에 명했다. 숲에 대한 교회의 신성한 이해를 끌어내고 마로나이트 신학, 문화 그리고 전통의 통찰력을 경험하게 함으로써 결정이나 맹세가 지역적으로 또는 국제적으로 알게 했다.

그들이 무시했던 교회에 보내졌던 첫번째 서류와 AFDC와 ARC 도움으로 교회가 나중에 작성한 서류를 비교하는 것은 가치가 있다. 두 서류의 차이점은 두쪽 다 일반적인 관심과 이 희귀한 숲을 보호하기 위한 일반적인 행위를 함께 공유하지만 두 세계 사이에 엄청난 차이점을 반영하고 있다. 특별 팀은 교회가 물 잔이 절반 비어 있다고 보는 인간성, 행위, 의도로 보는 견해의 고전적 사례와 함께 일하기를 원하고 일하고 싶어 할거라는 다음의 독단적 정의를 보면,

생물다양성 보호에 헌신하는 것 - 즉 생물다양성과 자연과 문화적 자원들의 관리와 보호에 헌신하는 특별한 지역인가?

이러한 테스트를 만족시키기 위하여 이 지역의 보호자들은 첫번째의 관리대상으로써 생물다양성의 보호를 가져야 한다. 다른 대상이 생물다양성 위에 자리 잡는다면 보호지역으로 분류되지 말았어야 했다. 토양이나 물가 보호 같은 다른 환경적 기능을 위해 경영된 숲은 이러한 타 기능들이 생물다양성의 유지보다 높은 대상인 곳의 보호지역들로 분류되지 않게 될 것이다. 생물다양성보다 환경적 보호 기능에 기여하는 산지는 보호지역으로부터 분리되어야 하고 다르게 표시되어야 한다(예를 들어 보호림같이).

반면 아래는 마로나이트 교회가 어떻게 숲과 그 숲의 생물다양성 및 더 중요한 것을 보호하기 위해 임무를 표현한 것이며, 왜?

수세기 동안 교회는 레바논의 많은 성지뿐만 아니라 성림의 자연적인 아름다움과 하리사 언덕을 방어해 왔다. 그렇게 하면서 우리는 그곳의 식물상과 동물상을 관찰하고 있고 궁극적으로는 우리에게 속하지는 않는다. 우리는 단순히 신에 속한 것들의 후견인이다. 이러한 정신으로 수세기 동안 교회는 하리사 같은 부지를 보호해 왔다. 그러나 오늘날은 새로운 위협이 이 성지와 그 외 많은 지역을 일어나고 있다. 하리사는 이제 건물군으로 둘러싸였고, 성당의 바실리카처럼 산 위에 떠있는 보트 같으며, 하리사는 현대 개발의 조류 위의 자연의 배같이 떠 있다. 그러므로 교회는 대범하게 말해야 하며 하리사의 모든 성림은 보호되고, 관리되고 교회에 의해 신을 위해 갖게 남아 있게 될 것이다. 이와 같이 하리사 숲은 마로나티트 대주교의 이름으로 하리사의 마로나이트 보호 환경 이름 아래 등록된 숲으로 여기도록 하는 확신을 주고 있다.

이 지역을 보호하면서 교회는 신이 주신 풀, 나무, 동물과 새들의 다양성을 지속적으로 확인하게 될 것이고 교회에 의해 양육된 것들이 유지될 것이다. 우리는 세상이 이러한 분명한 성명을 내는 것뿐만 아니라 이러한 행동이 우리의 믿음으로부터 나왔음을 확인시킬 필요가 있다. 성 마론(St. Maron: 5-6세기 성인 이름을 딴 교회 이름)은 자연 그 속에서 창조물의 야생 속에 있는 신을 찾았다. 오늘날 마론 성인 정신으로 교육을 통하여, 가르치고 설교를 통하여 우리는 신이 왜 그의 교회가 자연을 섬기는지를 재발견할 필요가 있다. 마론 성인의 삶을 되돌아보고 숲과 골짜기에서 예수를 찾았던 수많은 성인들을 통하여 우리는 신의 창조물을 존중하고 좋아하며 진정한 신도가 될 수 있다.

이와 같은 이유에서 숲이 공식적일 뿐만 아니라 영적으로 보호받고 있는 것이다. 1999년에 숲의 보호를 선언한 후에 교회가 젊은이들, 목자들을 운영하고 두 곳의 숲을 보호하며 77개 마을에 환경교육 및 실천 프로그램을 개발했고 레바논에서 환경보호의 주요 핵심사유가 된 이유이다. 넓은 그림으로 숲의 중요성을 알게 함과 동시에 환경 중요성을 알리는 일과 자연보호 전통의 교회가 만나지 않을 수 없었다. 인간이 세계관을 채택하게 된다는 주장에 따라 많은 환경운동단체들은 이원론적으로 보나 동조적인 자연의 동지들을 떠날 수 없다.

많은 진실들을 보며

많은 사람들은 자신의 세계관이 많은 것 중에 단지 하나라는 것에 대해 이야기에 대해 실제로는 겁을 먹는다. 우리는 많은 다른 사람과 같지 않게 우리는 '진짜 세계'를 보고 있다는 생각을 즐기고 있다. 그러나 우리가 보고 있는 세계는 우리의 마음, 우리의 자라온 배경들, 우리가 훈련받은 것들 그리고 우리의 추측들에 의해 만들어진 것이다. 고맙게도 세상은 우리가 혼자 보는 것보다 더 크고, 보다 많은 공분을 주고, 더 다양한 것이다.

내 영국 친구 한명은 그녀의 세계관이 어떻게 바뀌었는지 관한 이야기를 들려주고 있다. 그녀는 19세였고 인도의 티베트 난민촌에서 대학 여름을 수학과 영어를 가르치며 보내고 있었다. 그녀는 20여 명의 어린이들과 젊은 보모와 함께 어린이들 집에서 살고 있었다. 하루 저녁은 어린이들이 잠자리에 들기 전에 이야기를 해주고 노래를 불러주며 앉아 있었다. 빈대 한 마리가 그녀의 맨살에 기어 올라오자 본능적으로 세게 쳐버렸다. 그리고 그녀가 주변을 보자 어린이들 표정에서 공포에 쌓인 모습을 봤다. "그것은 마치 노래를 부르면서 고양이 목을 쥐는 것처럼 보고 있었다: 그 모습은 이해를 할 수 없는 공포로 보였다." 그 점에서 내 친구는 그녀가 봐 왔던 세계는 유일한 것이 아니라는 것을 알아차렸다. 그 여름 후에 그녀는 전공을 "인간의 행태를 보는 유일한 방법만 있는 내가 믿는 것을 확인할 수 없는 경제학에서 인류학으로 전과를 하고 그녀가 생생히 보아왔던 다원론의 개념을 이해할 수 있었다.

서구의 대부분 사람들은 진실은 하나라는 개념과 함께 성장하는데 기독교든지, 이슬람이든, 유일신교 그 밖이든 단 한가지의 진실한 믿음을 가지고 성장한다. 서구에서는 "민주주의의 한 가지 진실"이든지 "경제학의 한 가지 진실 된 모델"이든지 혹은 "어린애를 키우는 한가지의 사실"이든지, "테러에 대처하는 한 가지만의 사실"이 됐든 오로지 한길만 있고 그렇기를 바라고 있다. 그러나 다른 나라에서는 이와 같은 생각은 어린이 같은 것이고 도움이 되지 않는다는 것을 알고 있다. 이와 같은 사실을 인도를 방문해서 처음 알았고, 그때가 나의 20대 초반이었다.

나는 다른 종교를 가진 사람들과 일을 하고 있는데 힌두교, 자인교, 이슬람교들이며, 교육적 자료를 개발하며 유럽 어린학생들이 종교가 어떤 작용을 하고 무엇을 의미하는지를 배울 수 있도록 할 수 있었다. 인간적인 측면에서 이 일은 약간의 혼란을 야기시켰다. 내가 문화적으로 배운 것 같이 기독교가 사실이라면 그렇다면 다른 종교는 사실상 그렇게 될 수 없었다. 그러나 나는 본 것으로부터 큰 감동을 받았다. 나는 이 문제를 인도 기독인들과 만남에서 제기했다. 그들은 점잖게 문제는 "다른 종교" 때문이 아니고 나 때문이라고 지적했다. 나는 내 전통이 최상이었고 단지 문제였던 심각한 모델이었다는 추정을 했다. 다른 사람들의 믿음이나 관점과는 별개였다. 그들은 "편히 하시오"라고 말했다. "신은 당신이 생각한 것보다 거대하고 당신의 모델보다 위대하며 당신의 철학보다 더 현명하다. 편히 하고 들어라."

제길, 내게 익숙한 세계관과는 차이가 있었다. 우리 모두에게 이랬다. 우리는 세계관을 가져야지 그렇지 않으면 우리는 가능을 발휘할 수 없다. 칼 융이 쓴 것처럼 우리는 대부분을 설명하는 세계관을 심어줘야 하는데 그렇지 않으면 우주의 고약함에 깨질 수 있기 때문이다. 문제는 이와 같은 것이 유일한 현실이라고 생각할 때 나타나거나 실지 복잡한 것을 바라보는 것이 낫다는 것 이상이다. 세상은 그보다 더 훨씬 흥미로운 것이고, 더 나은 세상을 만들기 위하여 이와 같은 사실을 알 필요가 있으며, 다양할 수 있는 구조를 창조해야 하고 세계관이 나란히 작용할 수 있도록 하는 것과도 마찰을 감수해야 한다.

미래를 구축하기

세계관이 어떻게 다를 수 있는가를 보여주는 그림이 몽골의 아바라키테스바라 상을 재건하는 특별한 이야기가 전해진다. 1924년부터 1989년까지 몽골은 공산국가였다. 참으로 몽골은 러시아 다음으로 두 번째 공산국가가 되었다. 정부는 종교를 핍박하는 것을 포함한 소련의 끔직한 통치를 따라했고 1930년대와 또 다시 1950년대 수많은 불교도가 사살되었고 실제로 대부분의 절이 파괴되었다. 약간이 남아 박물관이 되었고, 1989년에는 울란바트로 시내 단지 한 곳의 사찰이 종교가 탄압받지 않고 있다는 것을 외국인들에게 보여주기 위해 찾아갈 수 있는 사찰로 남아 있었다. 1989년까지 공개적으로 활동할 수 있도록 세 명의 승려가 있었다.

몽골 사람들은 전통적으로 그들 나라는 ...보살이라는 아바라키테스바라는 신의 보호를 받고 있다고 믿고 있다. 불교에서 많은 선행을 통하여 도달할 수 있는 보살은 환생을 하거나 고통이 없는 열반의 세계로 빠질 수 있는 곳에 도달할 수 있다는 것이다. 그러나 이 득도한 보살은 환생의 윤회를 벗어난 다른 영혼을 돕는 대신 존재이다. 이러한 보살 중에서 아바라키테스바라가 가장 사랑을 받고 있다.

1911년 몽골은 중국으로부터 독립하였고, 그후 이 국민들이 한 첫번째 일 중 한 가지는 아바라키테스바라의 26m 동상을 세우는 것이었다. 1930년대 스탈린은 이 동상을 파괴시키라 명했고, 전설에 따르면 조각을 내어 러시아로 실려가 나중에 녹여져 나치에 대항하는 총탄을 만드는데 썼다고 한다. 1989년에 몽골의 역사상 큰 변혁이 일어났었다. 공산주의는 붕괴되었고, 혼란 속에서 민주주의 운동이 일어났었다. 이러한 첫번째 비공산국가에서 교육부를 끌어간 젊은 정치인 엔크바야르(Enkhbayar)가 있었고 대각부의 자유를 끌어가는 곳으로 불리었다.

이 나라는 혼란한 상태였다. 빈곤, 부족한 주택, 강제 집합시킨 후의 문제들, 유목민들의 정주문제들은 이 나라가 많은 문제점들로 몸부림치고 있음을 알 수 있다. 공산주의의 몰락에 대한 행복감은 곧 새로운 사회를 구축해야 하는 어려움으로 교체되어 버렸다. 구호단체들과 국가 간 협력단체들이 자문, 계획, 기술, 프로그램, 뿐만 아니라 경제적 지원을 쏟아 부었다. 그들은 무엇을 해야 하는지를 알았는데: 교육우선정책, 개발표준, 재정지원의 기준, 지속성장 등이었다. 그러나 그들 모두들에게 일어난 놀라운 일은 몽골과 어떻게 나라를 재건해야 하는지에 대한 이해를 혁신하는 것이었다.

엔카바야르와 다른 주요 장관들은 우선적으로 재건해야 할 일들을 결정하였고, 효과적인 성취를 위해 국민들에게 알렸다. 외부세력이 이 계획에 참여하지 못하도록 했는데 이는 시간과 돈의 낭비라고 판단했기 때문이었다. 그러나 통상적인 몽골사람들은 약간의 돈일지라도 돈을 쏟아 부었고, 그들이 할 수 있는 것을 주었다. 국제적인 원조보다는 몽골사람들 자체에 의존하여 과제는 몽골에서 사회적, 정치적, 영적 생활에 초점을 맞추었고, 자부심과 희망을 심어주었다.

그리고 그들이 짓고 있는 것이나 학교나 주택을 그렇게 지을 필요가 있었는가? 그들은 몽골의 수호신 아바로키테스바라의 26m 상을 다시 세우고 있었다. 국제지원기관들 입장에서 보면 우선 돈의 낭비로 보였지만 많은 몽골사람들의 입장에서는 대단한 성공이었고 새로운 시기의 시작이었다. (지금은 교육부장관이지만) 엔카바야르가 설명한 것 같이 자신들의 자부심 없이 그들이 보호받고 있다는 신념 없이 몽골이 나아갈 수 있겠는가? 외국 원조를 받아 학교를 더 짓고 일을 더 하고, 재정지원을 더 해 줄 수 있었지만 그들에게 자신감을 심어준 것은 무엇이었을까?

이 동상이 모든 것을 바꾸었다. 이러한 결과는 자신감을 심어준다는 것이 중요하다는 것을 존중하며 원조기관들의 세계관을 바꾸었다. 세상에는 우리가 생각하는 것보다 더 훌륭한 방안들이 있으며, 변화의 동력이나 세상을 더 낫게 바꾸는 일들이 다양할 뿐만 아니라 다른 세계관으로 바꾸는 것도 요구된다. 이 책에서는 거대한 계획에 의해 해결되는 것만이 아니라 다양성을 존중하고 그런 방안들을 제공할 것이다 - 이 다양성은 작동을 할 수 있다.

세계은행과 기타 믿음들

이 책은 1995년에 창립한 ARC와 세계은행 사이의 실무진들의 매우 비공식적인 작업의 산물이다. 참여한 믿음들의 개개단체에 그들이 감지하는 근래의 세속적인 어떤 현상이 환경문제에 믿음의 작용을 하는데 가장 중요하게 도움이 되거나 방해가 되었는지를 물었다. 두 가지가 분명히 나타났는데 하나는 언론매체로 특히 위성방송이었고, 다른 하나는 세계은행의 활용방식에서 많은 믿음을 구체화시킨 현대 경제적 사고였다. 이 점이 ARC창립식에 세계은행이 당시 은행의 환경과 책임자였던 앤드류 스티어(Abdrew Steer)가 직접 참여했던 이유이다. 초기 모임에서 발생되었던 논의들, 토론들 혹은 불일치까지 세계은행으로부터 더 접촉을 갖도록 초청받았던 믿음을 고무시키기에 충분했다. 갓 태어난 ARC는 믿음 쪽과 협조하도록 요구했고, 따라서 다음 2년간 ARC 직원들, 종교지도자들, 세계은행 사이에 런던과 워싱턴에서 자주 만나도록 했다.

1998년 2월에 첫번째 완전한 정식만남이 종교지도자들과 세계은행 지도층과 이뤄졌었다. 예를 들어 그 뒤 ARC와 세계은행은 더욱 가까이 긴밀한 유대가 돈독해졌고, 2000년 11월 네팔에서 개최된 'ARC/WWF 살아 있는 지구를 위한 성물의 국제적 축하(ARC/WWF International Celebration of Sacred Gifts for a Living Planet)'에서 세계은행 간부들인 크리스타리나 죠지바(Kristalina Georgieva)와 앤드류 시티어의 후임자의 참여가 그것이었으며, 종교지도자들이 몽골, 캄보디아, 인도네시아 같은 나라에서 함께 수행된 실질적 과제들을 만났다. 더 최근에는 세계은행과 ARC 사이의 발의는 정교회에 되돌려 준 루마니아의 숲을 위한 관리계획을 발전시키기 시작했다. 세계은행 직원들과 지도자들은 국제 믿음 간 투자그룹(International Interfaith Investment Group)이나 2002년 6월 뉴욕과 2002년 11월 런던에 있었던 3iG(4장 참조) 같은 모임이나 그해 11월 있었던 ARC의 왕립축하회를 만들었던 ARC의 다양한 행사들에 참석했다. 뿐만 아니라 ARC직원들이 세계은행 회의에서 연설을 했었고, 종교적 전망을 전달하기 위해 다양한 세계은행 모임에 참여했었다. ARC와 세계은행이 2002년 12월에 있었던 보고르, 인도네시아 모임과 2002년 5월 몽골에서 개최된 ARC/세계은행/WWF 과제의 창립식 같은 곳에 개최된 행사들을 지원했다.

ARC와 함께 일하는 것은 세계은행이 종교계가 네트워크를 더욱더 넓히려는 방안 가운데 한 가지를 뜻한다. ARC와 세계은행의 참여는 3iG같은 참여를 통하여 인종적 투자, 토지관리, 빈곤퇴치 등 일반적인 문제 수용도 포함됐지만 자연히 환경에 중점을 두었었다. 아직도 많은 종교계 사람들이 세계은행을 의심하고 있으며, 세계은행에는 종교 같은 몽매주의자들을 다루는데 지혜가 없는 사람들이 많다. 그러나 이럼에도 이 장에서 이야기된 것처럼 이러한 협조는 진행되고 있다.

1998년에 ARC는 개발과 지속적 성장을 돕기 위해 설립된 주요 국제금융단체와 만남을 가졌었다. 그러나 금융계 조직의 소수에게는 이 같은 상황은 일은 자신들 구미에 맞게 되어야 한다는 것을 뜻한다. 이 같은 사실은 사후 연회장에 있던 팀들에게 말한 한 사람에 의해 생생하게 집으로 전달되었다. 그는 기뻤다고 말하며 세계 종교들이 하나로 뭉쳤다고 말했다. 그는 같은 문제에 동의할 것을 기대하고 같은 방식으로 행동했는데 그는 통계학자였고, 다른 믿음들이 섞이는 것은 그의 통계치를 정말로 혼란스럽게 만들었다. 그는 이 책을 보고 실망하게 될 것이다.

다양성은 변화를 만드는 블록이다. 진화과학 용어로 보면 다양성은 지구상 생명체의 발달에 절대적이다. 단지 다양성을 통해서만 한 가지 우점종이 붕괴되거나 하나의 환경이 다른 것으로 바뀔 때 새로운 종과 생태계가 지구상 생명체의 여행을 지속하도록 나타난다는 확신을 주는 종을 우리는 얻을 수 있다. 이와 같은 사실이 창조를 위한 것이라면 인간에게도 마찬가지라고 주장하련다. 우리는 다양성이 요구되는데 모든 모델이나 모든 믿음, 그리고 체제가 실패하기 때문이다. 다양성 없이는 우리 자신의 믿음과 체제를 통하여 일으키는 문제점들을 해결할 수 있는 지적이고 실질적인 수단을 가질 수 없을 수도 있다. 다양성 없이는 진화할 수 없었다.

나는 인도 기독교인들부터 받았던 점잖은 수업으로 돌아간다. 나의 세계나 나의 신은 너무 작다. 나의 문제는 거기에 있지 않고 나한테 있다. 개개인에게 사실인 것은 물론 위대한 종교를 포함하여 연구단체나 사회에도 마찬가지로 똑같다. 그래서 우리는 살아갈 그렇게 조그만 세상을 끝냈어야 하는 이유이고 방안이었으며, 다른 게 있다면 불변과 변화의 자연에 관한 세계에서 가장 오래된 연구단체의 경험으로부터 배울 수 있을까? 이 점이 다음 장의 주제이다.

2. 우리는 어떻게 여기까지 왔나?

아힘사(Ahimsa) - 이 말은 기본적인 인사이며 금실같이 자이나교 전통에서 흔히 사용되고 있다. 이 말은 사람에게 뿐만 아니라 모든 자연물에 말뿐만 아니라 행동을 통하여 어떤 형태로든지 폭력을 피하도록 한다. 이 말은 식물이나 동물을 포함하여 어떤 형태의 생명에 존경을 의미한다. 자이나교도들은 매일 생활의 한 발자국마다 살아있는 생명체에 대한 존경심을 실천하고 있다. 자이나교도들은 채식주의자들이다.

- 자이나교의 생태에 대한 성명서

지난 150년 동안 세계의 주요 종교들은 유사 이래 오랜 세월 보다 종교에 반하는 신념 때문에 더욱 박해받고, 더 많은 순교와 성지의 파괴를 일으키고 있다. 그러나 신앙들은 아직도 살아 있다.

그래서 우리는 어떻게 이렇게 조그맣게 생각하게 됐을까?

서구는 다른 믿음에 대항할 수 없는 신앙체계를 창조하는데(또는 포교하는데) 천재적 소질을 가지고 있다. 이렇게 하는 것이 진정한 기독교 선교사가 되는 것이라고 생각되었던 곳에서 우리는 서구에서 발상된 모든 형태의 신념으로 작용하고 있는 모습을 볼 수 있다. 마르크스주의를 보자. 마르크스주의는 서구가 만든 것이다: 마르크스주의는 유대 - 기독교관 위에 탄생했지만 모든 것이 보이고 판단된다는 교리는 정신적인 가치에 바탕을 둔 것이 아니라 경제법칙과 역사의 피할 수 없는 굴레를 따르고 있다. 세계적으로 널리 퍼진 마르크스주의는 종교이었던, 봉건제도이었던 또는 기초적 자본주의이었던 간에 기존의 믿음이나 가치체계를 무시해버리려는 의도가 담겨져 있다. 마르크스주의의 경쟁자들에 대한 불관용이 가장 문제되는 특성 중 하나이다.

자본주의는 마찬가지로 경쟁가치체계에 대한 관용의 여지가 거의 없다. 그리고 가치체계를 파괴시키기 위해 마르크스주의는 혁명이 아니라 다른 가치체계를 제거하고, 무시하고 억누르는데 엄정한 권리가 허용되는 '사장 힘'이라 부르는 가짜 신성한 힘을 구한다. 박애주의를 또는 환경론적 이유로 세계를 바꾸고자하는 많은 사람들조차도 다른 사람에게 선행을 하고자 하는 가치관이나 믿음 또는 필요성에 대한 당위성을 가려버리는 비전으로부터 마음고생을 하고 있다. 나는 최근 아주 존경할 만한 국제환경단체가 작성한 제안서 한부를 봤다. 그 내용은 가축의 방귀가 지구온난화에 상당히 영향을 줄 수 있다는 것을 바탕으로 한 계획이었다. 그 계획서는 중앙아시아 고원지대 살고 있는 유목민들을 설득하여 그들의 가축을 도살하도록 설득하는 것이었다. 그래서 지구온난화를 예방한다는 명목에 유목민들의 전통적 생활방식을 포기하는 대신 유목민들에게는 환경단체들로부터 태양에너지 텔레비전이 제공되었다.

어디에선가는 어떤 사람들은 입장을 잃어버렸다. 아니면, 더 충격적이게, 그들은 세상을 더 좋은 곳으로 만들기 위해 전통적인 삶의 방식을 버리고 소비주의적인, 텔레비전에 의한 세계저 관점으로 대체되어야 된다고 믿었을 수도 있다. 그리고 그들은 다른 방랑자보다 지구온난화에 엄청난 영향을 주지만 뛰어난 로비기관을 가지고 있는 다국적 기업 - 예를 들면, 자동차 배기관을 만드는 업체나, 소를 엄청나게 생산해내는 낙농장과 버거 체인점 - 보다는 매수에 넘어가기 쉬운, 가난하고 위태로운 지역을 목표로 시작하는 것이 괜찮다고 믿었다. 그러나 그 제안은 자금을 받지 못했다.

이러한 움직임 - 마르크시즘이나, 자본주의, 환경주의든 간에 - 의 공통된 특징은 모든 사람들이 모두가 좋다고 말하는, 그러나 동시에 "자신들처럼" 되고 생각하는 것이 포함된 다른 세상을 만들겠다는 것이 그들의 바람이다. 그러나 세계의 대부분의 사람들은 천년 동안 다원주의와 다양성과 함께 살고면서 꼭 하나의 절대적인 세계관이 필요하지 않다는 것을 볼 수 있었다. 모든 사람들이 같이 생각하고 행동하기를 바라는 서양적 생각의 뿌리는 역사에 있다. 그리고 그것은 서양 사람들의 행동에만 영향을 준 것 뿐만이 아니라, 전 세계의 행동에도 점차적으로 영향을 끼쳤다.

한 수준에서, 모든 것은 기원전 5세기 후반에 아테나의 한 어두운 밤에 시작되었다. 그날 저녁 젊은 철학자 플라톤과 그의 친구들은 날뛰었었다. 밤새동안 그들은 길거리를 오가며 길가나 사람들의 집 밖에 가족을 보호하기 위해 새워져있던 신들의 조각상들을 공격했다. 그들의 폭력행위의 이유는 그들의 스승인 소크라테스가 수많은 신들과 여신들이 모든 진리와 신은 하나라는 현실을 가리는 연막이라고 가르쳤기 때문이다. 소크라테스는 신이나 여신은 없고 모든 존재 뒤에 오직 한 가지 정신, 한 가지 신성한 힘만이 있다고 가르쳤다. 그 이후부터, Monad에 대한 믿음은 서양에서 가장 중심이 된 모델이었다. 그리고 플라톤과 그 친구들의 정신으로 하여금, 다른 사람들에게 하나의 현실만이 존재한다고 설득하려는 사람들이 주위 다른 사람들의 조각상들을 파괴하기 시작했다.

서양 사람들은 다양성이 세상에 어떤 도움이 된다는 것을 받아들이는데 어려움이 있었다. 소크라테스를 기억하면, 오직 하나 또는 여럿만 존재하지 둘 다 존재할 수 없다는 느낌을 받는다. 그러므로 이러한 monad 모델에서부터 발생하는 종교적이고 세속적인 선교사 운동은, 지난 몇 세기 동안 세상에게 오직 한 방향으로의 전진, 하나의 진리, 하나의 현실만 존재한다고 설득시키려 했다.

초기 징후는 Pax Romano - 로마제국의 정치적 정책 - 에서 찾을 수 있었고, 그 이후, 다른 믿음은 거짓이고 오직 자신의 종교만이 절대적이라고 주장하는 기독교에서 또 다른 수단을 발견했다. 이 모델은 18세기까지 지배적이었고, 그후 제국주의와 혁명이라는 새로운 절대적인 사상이 출현하였다. 그 뒤를 따라 사회주의, 마르크시즘, 자본주의, 산업화, 과학, 경제, 파시즘 등등의 더욱 절대적인 사상이 발생하였다. 이 모든 주장들은 세상을 더 좋게 만드는 것에 연관되어 있다고 할 수 있으나, 모두 각각의 생각 외에 다른 모든 생각에 대한 편협성을 내포하고 있다.

하나의 지구, 다양한 지구

얼마 전에, 저명한 환경론자, 경제학자와 미래 지구에 대해 관심이 있는 여러 사람들이 모여 자칭 "새로운 윤리"에 대한 회의를 했다. 이 새로운 윤리에 대한 논의는 얼마동안 유명했고, 새로운 도덕적 기준-종교를 초월하여 모든 사람들을 결속시킬 수 있는-을 만들어 세상을 더 나은 곳으로 만들기 위한 진실된 바람으로 시작되었나. 이것은 훌륭한 이상인 동시에 잠재적으로 큰 분열을 일으킬 수 있는 것이었다. 회의에는 한명의 힌두인 대표이자 과학자가 홀로 앉아있었다. 하루 동안 도덕적 행동을 강요할 수 있는 도덕성과 윤리적 구조에 대한 공통의 기준에 대해 열띤 회의를 마치고 첫날 저녁이 오자, 힌두인은 질문을 했다. 왜, 그는 말했다, 저녁에 고기를 주는 것인가? 다른 사람들은 불쾌한 반응을 보이고 왜 그런 질문을 하는지 되물었다. "왜냐하면," 그는 말했다, "내가 살던 곳에서는, 살아있는 생물을 먹지 않는 것이 도덕이다."

위의 새 윤리 모임의 사람들과 같이, 세상을 더 좋은 곳으로 만들고자 하는 많은 사람들은 마치 현대판 전도사와 같이 행동한다. 그들은 세상에 뭐가 좋은 건지 알고 있고, 상대방이 좋든 싫든 그들이 생각하기에 좋은 것을 강요하여 상대방을 도우려는데 열중한다. 도중에, 그들의 생각과 맞지 않은 관점, 믿음, 가치, 심지어 삶의 방식은 기껏해야 무시를 당할 뿐이다. 최악의 상황에서, 새로운 전도사들은 중아시아 유목민들의 유목생활을 무너뜨리는 것뿐만이 아니라 TV의 따분함으로 대체하려고 한 이야기와 같이 다른 믿음이나 삶의 방식을 파괴하려고 한다.

절대적인 진리의 모델을 받아들이기 위해 세상을 설득하는 과정에서 다른 진리는 무너져 갔다. 1789년, 프랑스 혁명과 함께 사상이 지배하는 세상이 시작되고 난 뒤에 가장 중점이 된 목표는 종교였다. 이것은 좋기도 하고 나쁘기도 한 이유에서였다. 절대적 권력은 절대적으로 타락한다. 또한 거의 모든 통제권을 가진 시스템 모두 부패한다. 유럽의 중세시대 기독교, 인도의 18세기 이슬람, 19세기 티베트 불교, 20세기의 전투적인 시크교도 모두 종교가 거의 완전한 권력을 가질 때 어떠한 일이 일어나는지 알 수 있는 예시들이다. 어떠한 종교도 인간의 탐욕, 어리석음 그리고 약으로 인한 타락을 면치 못했다. 그리고 18세기 무렵 유럽에서는 모든 종교적 삶은 가식일 뿐이었다. 종교는 개혁을 위해 바뀌어야만 했다.

그러나 자주 일어나는 것처럼, 어린애가 성수같이 버려졌다. 모든 종교적인 면은 혁명적인 운동들에 의해 보통 "개인적 선택"이나 "개인적 양심"의 영역으로 격하되도록 규탄되거나 무관하게 만들어졌다. 더 나아가, 18세기 프랑스와 같이, 타락한 종교의 답답함을 타개하기 위한 진실된 목적으로 시작한 것이, 결국 새로운 이데올로기가 종교의 지위, 권력, 권위와 부를 빼앗기 위해 종교를 아예 무너뜨리자는 목적으로 바뀌었다.

20세기 중엽에 와서는, 소련과 중국을 지나 몽골과 멕시코, 전 세계 3분의 1 정도 되는 곳에서 종교는 물리적으로 박해를 받았다. 다른 곳(유럽의 주요한 나라들을 포함한 곳들)에서 종교는 점점 밀려나가, 오래된 교육시설과 복지시설의 네트워크와 사람들을 돌보는 목사들의 역할을 국가로부터 빼앗겼다. 또한, 종교는 마음의 영역으로 격하되었다. 지적인 영역에서 과학, 특히 심리학이 종교를 쫓아냈다. 18세시까지 오는 동안, 종교는 사람들이 세계를 보고, 이해하고, 연관시키는데 있어 지배적인 현실 모델을 제공했다. 과학 혁명(보통 뉴턴과 같은 인물과 연결되는)이 시작될 때까지도 종교는 새로운 과학적 발견이 설명되는 틀을 제공했다. 이것은 1718년 영국 시인 알렉산더 포프가 쓴 풍자된 뉴턴의 묘비명에 잘 설명되어있다.

> 자연과 자연의 법칙은 밤에 의해 가려져 있었다.
> 신이 말하길 "뉴턴은 내버려둬" 그리곤 빛이 있었다.

20세기 중반에는, 신과 과학의 공존은 대체로 상상할 수 없는 것이었다. 종교는 과학의 적, 또는 한때 영향력이 있었지만 과학의 발견으로 인해 대체된 것으로 여겨졌다. 많은 사람들은 종교가, 현대 경제, 과학, 사고, 철학, 정치 그리고 사회가 아직 큰 영향을 미치지 않은 "후진적인" 지역을 제외하고, 곧 사라질 것이라고 예상했다.

이러한 모든 변화의 중심엔 플라톤과 그의 친구들의 파괴적인 폭력행위와 같은 사고방식에서부터 시작되었다. 편협성과 다양성에 대한 두려움이 그것이다. 젊은 플라톤 이러한 편협성을 더욱더 위험하게 만든 것은 각각의 새로운 이데올로기들이 대부분 오직 자신의 것만이 세상을 행복하게 만들 수 있는 것이라고 주장하여 다른 믿음은 파괴해도 된다는 타당성을 부여한 것이다. 그러나 예측에 반하여, 종교는 죽어가고 있지 않다. 어떤 곳-영국을 포함한-에서 종교는 분투하고 있으나, 그 외에 지역에서는 급성장 중이다. 예를 들면, 세계은행에서 믿음과 개발에 관해 처음으로 출판한 책에서는 아프리카와 같이 대부분의 사람들이 매우 종교적인 곳에서의 교회에 대해 초점을 맞췄다. 실제로 지난 40년간 아프리카에서 기독교 교단은 5배나 성장하였다.

오늘날, 이러한 단순하지만 파괴적인 사고방식은 바뀌고 있다. 세계은행과 종교의 합작은 이러한 예시중의 하나이다. 최근까지, 세계은행은 다양한 사회적 경제적 모델에 대한 편협하였었다. 사실, 세계은행은 모든 사람들에게 좋은 삶을 보장할 수 있는 경제적 모델 -제대로 실행되었을 때- 하나만을 가지고 작동했었다. 어떠한 책은 이러한 행동도 하나의 "믿음"이라고 표현했다. 그러나 오늘날 세계은행의 몇몇 고위 정책결정자들은 적극적으로 다양한 모델을 찾고 있고, 더 이상 모든 상황에 들어맞는 어떠한 하나의 진리가 있다고 생각하지 않았다. 이러한 사고방식의 변화의 발생은 증가하는 환경운동가들의 숫자로도 증명될 수 있다.

세계은행과 다른 개발기구들은 윤리와 개발에 대한 다양한 안건들에 대한 많은 논의들에 큰 영향을 받고 있다. 몇 가지 이러한 주제들은 워싱턴 D. C.의 IMF의 본부에서 열린 문화, 종교 그리고 윤리에 대한 전시에서 찾아볼 수 있었다. 이 전시는 2002년 9월에 개최되었고 한스 쿵(Hans Kung)의 작품에서 영감을 받고 조직된 것이다. 부분적으로는 2001년 9월 11일의 비극적인 일에 대한 결과로, 그리고 더 넓은 사회적 행위자와 시민 사회 단체들에게 닿기 위해, 세계은행과 여러 기관들은 개발에 대한 중요 목적, 문화 그리고 가치와 깊게 관련된 이슈들을 더 탐구하고 있다.

다양성에 대한 두려움은 어떠한 하나의 모델이 인간의 경험과 가능성의 깊이와 넓이를 충분히 평가하기에는 역부족이라는 인식에 의해 점차 무너지기 시작했다. 이 "하나"에 대한 의존이 붕괴되어, 더욱 더 다원주의적인 미래를 위해 협력하는 방법을 깨우치기 시작한 현대의 다양한 세계관이 몇 세기 동안 남아있을 수 있게 하였다. 예를 들어, 기독교는 가장 대표적인 획일적 모델이다. 그러나 지금의 기독교는 대부분 다원주의적인 신학을 개발하기 시작했다.

전기독교적인(Ecumenical)이란 단어가 그 키워드다, 그리고 기독교가 현재 종파를 초월한 세계에서 가장 활발한 종교단체이다. 도덕적 확신은 추종자들의 역할의 참된 본질을 가릴 수 있는 매우 위험한 것이다. 이것의 가장 좋은 예로 자이나교도가 있다.

오래된 신념을 다시보기

자이나교도는 기원전 6세기, 불교와 같은 시기에 인도에서 발생하였다. 이종교의 기본적인 교리는 아힘사 - 비폭력주의 - 이고, 이것은 현재까지도 자이나교의 수도자들과 수녀들은 바닥을 쓸 때도 부드럽게 쓸어 개미 한 마리도 다치지 않게 할 정도로 매우 중요시 여겨진다. 이 엄격한 아힘사의 가르침은 자이나교도들에게 생명을 해치는 어떠한 교환도 하지 않도록 맹세하게 만들었다. 그러므로 그들은 농업, 가죽세공, 고기생산 등에서도 나와, 무생물의 교환에만 관련된 일을 찾았다. 지금까지도, 자이나교도는 광산업, 보석거래 그리고 석유화학제품 분야에서 지배적인 활동을 하고 있다.

1991년, 자이나교도는 보존과 종교에 관한 WWF 세계 네트워크에 동참하기로 하였다. 그러나 그들은 충격을 받았다. 아힘사의 오래된 전통에 자부심을 가지고 있던 그들은 환경에 대한 그들의 영향은 부드럽고 긍정적이라고 자신했다. 그러나 그들이 실제로 확인했을 때, 그들은 그것이 아니라는 것을 알게 되었다. 자연 보호의 차원에서는, 광산업, 보석 채굴, 화학사업 개발이 가장 환경파괴적인 활동이다. 그들이 하지 않으려고 한 것들-사냥, 고기생산, 농업-에 집중하는 동안, 자이나교도들은 그들이 한 것들이 미치는 영향에 대해서는 보지 못한 것이다. 애초부터 광산업이나 석유화학제품으로 이끌어 들인 그들의 아힘사 교리는 사실 현대의 그러한 산업 과정에서 지켜지지도 않고 있으며 점점 더 환경 파괴적으로 되고 있다.

이러한 발견에 대한 반응으로, 자이나교도는 관습적인 침착함으로 이 문제를 해결하였다. 그들은 자이나교도가 운영하는 산업 중에서 자연 환경에 끼치는 악영향을 최대로 억제한 곳에게 매년 주는 상을 만들었고, 그들은 이러한 산업에서 종사하면서 어떻게 하면 더 친환경적일 수 있을지에 대해 알아보기 시작했다. 그것은 시간도 많이 들고 쉽지 않은 것이지만, 그들의 세계관의 안내와 함께, 자이나교도는 변할 것이며, 세계의 미래에 상당한 변화를 가져올 것이다.

다시 한 번, 이것은 오래된 종교가 한계에 부딪히고 나서 더 앞으로 나아가기 위해 다시 그 뿌리로 돌아갔기 때문에 가능한 것이다. 바로 이러한 다원주의가, 단일주의적인 세계관의 시대가 가고, 앞으로 나아가는 방법이라는 것에 대해서 다음 장에서부터 이야기할 것이다. 이제는 크게, 더 넓게, 더 현명하게 생각할 때이다.

3. 마음 바꾸기

도교에는 종의 다양성을 가지고 쿵후를 나타내는 특별한 가치관이 있다. 모든 우주의 것이 잘 생장한다면, 그 사회는 매우 풍부한 공동체이다. 그렇지 않으면 그 왕국은 쇠퇴하고 있는 것이다.

- 생태에 대한 서술, 도교 (10장)

세계은행의 가난한 사람들의 이야기 연구에 의하면, 가난한 사람들은 그들의 사회기관을 제외한 그 어떤 기관보다 그들의 종교단체를 가장 신뢰한다고 한다.

그 사건은 아주 심각했고 그 침입은 멈출 수 없는 것 같았다. 그들은 몇 백만씩 날아와 지나간 자리를 쑥대밭으로 만들었다.

1970년대 초반, 벼멸구가 인도네시아에 창궐했다. 이 작은 곤충은 논밭을 다 먹어치웠다. 이전에는 막대한 살충제 사용과 조사된 작물 이용으로 인해 작물생산은 크게 증가하였었다. 쌀을 먹고 사는 벼멸구들에겐 이것이 바로 천국이었고, 거의 전염병 수준으로 습격했다: 이전에는 각 개체가 하루에 3개의 알만 낳았는데, 지금은 10개를 낳았고, 인도네시아는 기근을 맞닥뜨렸다. 바로 그때, 당시 자카르타 가자마다 대학교(Gajah Mada University) 농학부 교수로 재직 중이었던 오카(Ida Nyoman Oka) 교수가 관여하기 시작했다.

농림부에서 전문적인 조언이 필요했다. 과학적 조언을 말한 것이다. 그러나 오랜 생각 끝에, 오카 교수-동시에 힌두교 성직자인-와 그의 힌두교 동료들은 그들의 농업적 지식만큼 종교적 지식을 동원하였다. 그들은 어떤 선한 왕이 악한 왕을 죽이려고 머리를 잘랐으나, 그럴 때마다 두 명이 되는 이야기를 기억했다. 이 힌두교의 설화에서, 선한 왕은 살생을 하지 않는다는 윤리원칙을 되새기며 승리한다.

그리하여 오카 교수도 똑같이 대처했다. 그는 급박한 정부를 설득하여 화학전에 의존하지 않는 새로운 접근법을 시도한다. 그리고 결국엔 새로운 무기를 사용하지 않고, 살충제를 사용하지 않은 것만으로 벼멸구들은 패배했다. 이 "간접적 저항력"은 다른 종들이 회복할 수 있게 하였다. 곤충의 자연적 포식자- 다른 곤충과 거미들-들이 정상 수치로 돌아오자, 그것들이 벼멸구들을 알아서 처치하고 다시 균형을 유지되었다.

이 경험에서의 교훈은, 해결책만 있고 현명함이 부족한 환경 단체들의 "사절단"보다 위대한 종교들이 세상의 문제를 어떻게 해결해나가야 할지에 대해 더 많이 알고 있다는 것이다. 때때로 우리가 진실로 믿는 것을 다시 되새겨 보는 것이, 자연과의 관계에서 우리의 근본적인 행동을 바꿀 수 있는 유일한 방법이다. 이러한 접근법이 세계은행과 ARC가 지원하는 프로젝트에 반영되어있다.

이번 장에서 우리는 종교가 어떻게 우리의 생각을 변화하는데 도움을 줄 수 있는지에 대해 이야기해볼 것이다. 또한 각자의 믿음과 무관한 오직 지구를 사랑하는 사람들로서, 우리가 무엇을 종교로부터 배울 수 있을지에 대해 알아볼 것이다.

먼저, 종교의 임무로서 사람들이 어떻게 생각하는지를 바꿔 믿게 한다는 것을 모순적이라고 생각할 수 있다. 세속적인 세상에서 종교에 대한 일반적인 인식은 변하지 않고 비타협적이라는 것이다. 그러나 특이한 사실은 새로운 상황에서 적응을 한 종교만이 살아남는 다는 것이다. 그리고 바로 이것이 성공적인 세계 종교들이 2500년간 해온 것이다. 성공적이지 못한 것들은, 예를 들면, 영국의 청동기시대 스톤헨지 문화가 적응을 하지 못한-그리하여 사라졌거나 위태로운 상태의-것들이다. 오직 유연한 믿음만이 지금까지 남아 있다.

또한 중요한 예시를 인용하자면: 중세시대에, 유럽 기독교는 매우 타락했었다. 그리고 14세기 중반, 흑사병의 공포는 교회가 "신과 계약을 했다"라는 생각을 산산조각 냈다. 사람들 믿음 속 안전에 대한 생각은 너덜너덜해졌다. 그래도 기독교는 살아남았다. 종교개혁과 반종교개혁이란 반응은 유럽 전역의 종교에 대한 근본적인 재고를 의미했다. 이것은 16세기 후반에 이 두 완전히 새로운 버전의 기독교가 중세시대 버전의 것을 대치했다는 것을 뜻한다. 믿음은 적응하였기 때문에 살아남을 수 있었다.

종교의 성공에 대한 비밀은 이것이다: 종교는 시간 속에서 영원한 것 같을 줄도 알면서도, 시간에 따라 잘 대처하기도 할 줄도 안다. 종교가 항상 관련성이 있던 것, 이것이 바로 역사 속에서 종교가 전 세계 모든 주요 문화를 형성한 방법 중 하나다. 종교는 지나가는 사회적 유행을 단지 비난하거나 하지 않고, 새로운 분위기와 관점의 변화를 정의하고 변화와 권력을 융합하는데 최대한 노력했다. 그래도, 세계은행의 간난에 대한 중대한 연구 "가난의 목소리"에 의하면, 가난한 사람들은 자신의 사회집단 이외의 다른 집단 중 종교를 다른 무엇보다도 더 신뢰한다고 한다. 인도네시아의 벼멸구 이야기가 강조하듯, 세기가 지남에 따라 종교는 자연과 우리가 그 안에서 어떠한 위치에 있는지에 대해, 또한 인간의 행동들에 대해 깨달은 점이 있었다.

우리가 지금 필요로 하는 것은 이러한 생각들이 주목을 받고 이해되기 위한 기회이다. 그리고 그것들이 결국 이해가 되고, 행동으로 실행될 때, 이것들은 자연, 지역환경, 그리고 역사에서 중요한 시기를 거치고 있는 몇몇 종교 자체에 대해도 좋은 영향을 주는 것들이다. 종교가 환경 논쟁에서 얼마나 중요하게 기여할 것이 있는가에 대해, 치명적인 환경문제를 푸는데 - 속세에 사는 사람들은 절대 상상도 하지 못할 답으로 - 도움을 주는 중국의 도교인의 예시를 들어보겠다.

철학으로 호랑이를 구하다

중국에서 전통 의학은 2000년 전까지의 역사를 가지고 있다. 고대 지식을 원천으로 하나, 1949 현대 의학으로 오기 전까진 인정을 받지 못했다. 당시 마오쩌둥이 약은 "두발"로 걸어 다녀야 한다-중국은 전통과 서양의 과학적 방법을 치료하는데 모두 사용해야 된다는 의미-고 하였다. 그 전략은 최근까지 꽤 효과가 있었고 중국의학이 중국 밖에서도 매우 유명해지게 되었다. 현재, 서부 유럽의 대부분의 주요 도시에는 중국의학 가게와 병원이 있다. 제품, 주로 처방전에 대한 수요는 급증했다. 이것과 중국인 시민들의 지출의 큰 증가와 함께, 전통약재에 대한 어머어마한 수요를 만들었다.

이것은 보통 문제가 되지 않는다; 사실 매우 이로울 것이다. 그러나 특정 처방전이 야생생물들에게 엄청난 악영향을 끼쳤다. 예를 들면, 유명한 발기부전 처방전에는 호랑이의 생식기와 코뿔소의 뿔이 중요한 재료들이다; 호랑이의 뼈와 곰의 쓸개는 추정상 정력과 관련되어 있다고 한다. 이러한 약재들에 대한 수요는 곰의 쓸개를 위한 불법 사냥, 덫을 놓거나 잔인한 "착유"로 이어지게 되었다. 그리고 그것은 몇몇 종들을 거의 멸종위기 수준으로까지 밀어냈다. 중국 정부는 이러한 재료 여러 가지를 불법으로 지정했으나, 불법거래는 지속되었다. 문제는 불법이거나, 공인되지 않은 의사들이 있다는 것이다: 몇몇은 사기꾼이지만, 많은 사람들은 고대 치료업의 혈통의 후계자들이다. 바로 이런 사람들과 고객들이 바로 바뀌어야 하는 사람들이다. 여기서 바로 도교가 개입을 한다.

중국의학은 서양의학과는 다른 현실을 이해하는 데에 기초를 둔다. 이것의 세계관은 도-우주의 본질-를 믿는 데에 근거한다. 이 도는 기원전 4세기 때 저술된 도덕경의 유명한 글귀에 잘 설명되어있다.

도는 하나를 낳고:
하나는 둘을 낳고:
둘은 셋을 낳고:
셋은 만물을 낳는다.
만물은 음과 양을 가지고 있다.
만물은 기라는 힘에 의해 생겨난다.

하나란 두개의 반대되는 자연의 힘인 음과 양을 낳는 우주를 의미한다. 예를 들면 음은, 차가움, 습한, 겨울, 여성 그리고 지구를 뜻하고, 양은 반대로, 뜨거움, 건조한, 여름, 남성 그리고 천국을 의미한다. 이 둘은 영원한 전투에 갇혀 있지만, 각각 반대의 씨앗을 가지고 있다. 그러므로 가을과 겨울이 음이고, 변함없이 양에게 봄과 여름을 넘기면서 또 다른 가을과 겨울로 넘어간다. 이 두 가지 힘은 모든 생명에게 천상과— 지구와, 인류를 만들어 냈다. 그리고 그것들이 바로 모든 생명들에게 살을 불어넣었다. 그리고 모든 생명들-인간을 포함-은 우리 모두에게 생기를 불어넣는 "기"라는 힘에서 나온다고 한다.

전통 중국 의학은 아픈 사람의 건강을 다시 회복하기 위해서는, 삶의 자연스러운 흐름에 다시 재 연결되어야 한다는 이론에 기반한다. 질병이란 음과 양의 불균형과 그 다음 기가 손상되어 생기는 것이고 그에 따라서 약의 재료가 결정된다.

도교가 중국의학의 전통적인 토대의 철학적 문지기이지만, 누구도 현재 문제들을 해결하기 위해 도교인들에게 접근해볼 생각을 하지 않았다. 이것은 부분적으로 중국 정부가 중국의학의 종교철학적 기반이 부끄러웠기 때문이었고, 또 부분적으로 이 사안에 대해 문제 제기를 한 서양의 과학단체들이 도교의 정신적 이론들은 인정하지 않고, 교육과 과학의 문제라고 보았기 때문이다. 전통 중국 의학의 사용의 증가에 실제 문제는 최근 산업이 커짐에 따라, 의학의 본래 근원과 연결이 잘 되지 않고 있다는 것이다. 그리고 이 산업이 전통 중국의학을 더욱 친환경적으로 만드는 데에 중점을 두고 있는 산업이다. 그러나 이러한 몸부림 속에서, 모든 잠재적인 증거들은 개발되어야 하고, 이것이 바로 도교인들에게 일어난 것이다.

도교인들이 이 문제를 직면하게 되자, 아주 실용적자 매우 철학적인 해답을 제시했다. 먼저 그들은 전통 중국의학의 핵심으로 돌아가, 어떤 생물종을 멸종위기에 처하게 하거나, 어떤 동물들에게 지나친 고통을 유발하는 약재는 실패라고 정했다. 어떻게 같은 우주의 도 안에서 한 종을 죽이거나, 끔찍한 고통을 주면서 다른 종을 치료할 수 있을까?

1999년 중국 도교인 협회에서 전통 의학 의사라도 균형의 법칙을 어기는 처방을 할시 파문에 이르겠다는 칙령을 내렸다. 그러나 이러한 금기는 해결책의 일부일 뿐이었다. 도교학자들과 치료사들은 그들의 방대한 고대 의학 서적에서 멸종위기 종들을 포함하지 않는 대체처방에 대해 연구하기 시작했다. 이 전략은 중국 전통의학이 만든 성장과 "산업화"의 증가라는 큰 문제들을 해결하는데 도움이 될 수도 있다. 의사들은 정부의 칙령보다도, 자신들의 약이 왜 효과가 없는지, 그리고 어떠한 대안이 있는지까지 알려주는 교육에 더 관심을 가질 수 있다. 그러나 더 중요한건, 도교인들은 동떨어진 과학자로서 행동하고 있는 것이 아니다. 이 학자들은 이미 비공식적인 전통의학 의사들-대부분 사찰 주변이나 도교의 성산이나 그 주변에 살고있는-과 연락을 하였고, 그들의 존경을 받고 있다.

이 예시에서 도교인들은 환경에 피해를 주는 것으로 밝혀진 전통의 고대 배경을 찾아봐달라고 부탁만 받았을 뿐이다. 실제로 일어난 것은, 뿌리는 전통에 있지만 현대의 문제를 다루는 새로운 차원의 도교적 가르침이 생겨난 것이다. 이것은 모든 종교가 고대의 진리를 유지하면서 앞으로 나아가는지에 대한 예시다. 그러나 종교는 우리가 배울 수 있는 다른 장점들도 있다. 재창조, 재해석할 수 있는 믿음이라는 것의 능력과 함께, 복잡한 사회적 생각들을 사람들이 기억하는 쉬운 이야기로서 담아내는 특이한 능력이 있다.

훌륭한 이야기를 말하다

예를 들면, 동정심에 대한 모든 중요한 생각을 해보자. 여러 부모, 선생, 정부 그리고 사회운동가들은 주변사람들이 다른 사람들에게 더 친절하고, 부드럽고, 더 인정이 많기를 바란다. 여러 나라에서는, 어린이들에게 좋은 행동을 가르치기 위한 "시민권"에 대한 수업을 듣는다. 그동안-이상하게도 19세기 선교활동들과 비슷한- 몇몇 더 진심어린 환경단체들은 지난 15년 정도 동안 새로운 세계의 윤리에 대한 개념

을 개발하려고 했다: 그들이 바라는 모든 사람들이 따라야 하는 좋은 행동에 대한 규정.

그러나 이런 몇몇 세속적인 접근은 기본적인 인간의 행동에 대한 원리를 발견한다: 사람들에게 어떤 것이 좋은 것인지 알려주면 사람들은 보통 정반대의 행동을 한다. 예를 들면, 영국에서는, 청소년에게 흡연이나 인종차별을 하지 않도록 하는 프로그램들이 보통 더 그 행동을 하도록 하는 경향이 있었다고 한다. 젊은 사람들에게는 그 프로그램이 순간적으로 권력을 비웃을 기회를 준 것이다. 그러면, 어떻게 해야 더 동정심 깊은 세상을 위해 사람들이 동참하게 하고 싶은 비전을 효과적으로 달성할 수 있을까? 설교 없이 그것을 할 수 있는 방법이 있다.

종교는 물론, 다른 어떤 것보다 설교를 많이 하기로 유명하다. 그러나 종교는 진리나 이해를 전달하기에 가장 좋은, 혹은 유일한 방법이 바로 해학, 이야기, 미스터리와 경외감이라는 것 또한 알고 있다. 예를 들면, 이슬람의 교리 중 자신보다 더 가난한 사람에게 베푸는 것이 있다. 이 이야기는 가장 사랑받는 이야기 중 하나이며, 훈계를 통한 방법이 아닌, 신비한 느낌으로, 듣는 사람으로 하여금 아름다운 사랑의 세상으로 데려가준다.

옛날 옛적에, 대 무슬림 도시에 아메드라는 사람이 살았다. 그는 하지 성지순례로 메카에 한번 가기 위해 평생 동안 저축을 해왔었다. 모든 가능한 무슬림은 이슬람교의 가장 중요한 교리를 수행하기 위해 길고도 힘든 성지순례를 해야 했다. 그는 그렇게 부자가 아니었고 메카는 멀리 떨어져 있었지만, 그는 몇 년 동안 충분한 양의 저축을 하여, 이제 그가 출발할 시간이 다되고 있었다. 그의 친구들 무리도 같이 가게 되었다. 출발 전날 그의 집에 모두 다 같이 모여 그들의 모험을 축하하기로 했다.

그의 친구들이 모두 가고, 아메드는 가족과 함께 잠을 잤다. 그러나 잠은 오래 잘 수 없었다. 아침 일찍, 아메드의 집에서 네 건물 옆에서 불이나 그와 그 가족은 그의 친구를 돕기 위해 급하게 나갔다.

그들은 끔찍한 파괴와 고통의 장면을 발견했다. 피해가족들은 거의 모든 것을 잃었고, 그들의 집은 다 타버린 나무 조각과 돌뿐이었다. 그래서 아메드는 그의 집을 빌려주고 화재에서 남은 것들 회수하는데 돕기로 나섰다. 그리하여 오후에 같이 성지순례를 가려고 한 친구들이 와서 같이 출발하자고 하자 그는 먼저 출발하고 자기가 며칠 내로 따라잡겠다고 했다. 그래서 아메드의 친구들은 너무 오래 걸리지 말라고 한 뒤 먼저 출발했다.

그러나 아메드의 이웃들의 사태를 수습하는 데에는 거의 일주일이 걸렸고 아메드는 저축해둔 돈마저도 조금 사용해버렸다. 그가 이제 막 출발하려고 하자, 작년에 남편을 잃은 젊은 세 아이 엄마가 죽었다. 아메드는 아이들을 돌볼 사람이 필요하다고 생각했고, 그는 삼일 동안 사람을 찾았고 또 다시 그가 저축해둔 돈을 아이들을 위해 썼다.

이제 아메드는 점점 더 이상 그의 친구들을 따라잡을 수 없을 정도의 시간이 다가왔고, 그가 저축해둔 돈도 성지 순례를 가는데 최소한의 양에 거의 다 다다랐다. 그래도 그는 떠날 채비를 했다. 이번엔 도시에서 길가에서 도난당한 사람을 도와주느라 반나절을 보냈다. 도시로 데려와, 그 사람을 자기 집에서 재우고 좋은 의사에게 치료받게 해주기 위해 돈을 썼다.

아메드는 이제 더 이상 메카를 가기엔 너무 늦었다는 것을 알고 슬퍼하고 있었다. 그리고 그가 힘들게 번 돈마저도 거의 남지 않았다. 그는 실패감에 젖어있었고, 그가 신을 실망하게 한 것만 같았다. 그러나 그것에 대해 그가 할 수 있는 일이 없었다.

두 달 뒤 그의 친구들이 넘치는 기쁨과 함께 돌아왔고 곧바로 아메드의 집으로 왔다. 아메드는 문을 열고 친구들에게 같이 메카에 가지 못하여 그들을 실망시킨 것에 대해 사과했다. 그들은 눈이 휘둥그레져서 말했다. "무슨 말이야?" 그들이 물었다. "우리는 널 거기서 봤는데?" 그들은 아메드의 놀란 표정을 보고 계속 말했다. "그래, 네가 가장 영광스러운 자리에 있는걸 보고 우리도 궁금했어."

이러한 이야기의 힘은 바로 내용 속으로 독자를 끌어들인다(그리고 독자가 결말을 상상하도록 하는)는 동시에 주요 믿음과 이슬람의 삶과 교리에 대해 전하는 것이다. 이것이 사람들을 관련시키는 방법이고, 예를 들면, 회사들이 광고를 활용하려는 이유이자 세속적인 환경론자들이 관심을 가지면 좋은 것이다.

장거리 생각

종교적 행동들의 상징성은 세상을 바꾸는데 강력한 모델을 제공해 준다-관리가능한 단계지만 더 중요한 것은 장기적인 관점으로 봐야 한다는 것. 꽤 자주 ARC에서는 숲 관리나 해양 보전과 같이 방대한 주제에 대한 "중대한" 또는 "필수적인" 캠페인에 동참해달라는 요청을 받는다. 우리는 그 캠페인에 초대되어 모든 노력과 인맥을 활용해- 겨우 탄력을 받아 일을 하고 있으면- 더 "우선적인"것이 나타나 전에 있던 "필수적인" 캠페인이 끝나버린다.

종교는 움직이는데 시간이 조금 걸리지만, 일단 움직인 다음에는 아주 오랫동안 헌신을 한다. 예를 들어, 많은 도시들에서 유일하게 남은 녹지대는 오래된 종교적인 장소들 주변뿐이다. 만약 도쿄를 놀러 간다면 공항에서부터 도시까지 기차를 타고 가며 당신이 볼 수 있는 유일한 초록색은 아마 오래된 불교나 신토 사원들이나, 콘크리트에 둘러싸여 고군분투하는 오래된 나무와 작은 연못뿐일 것이다. 이스탄불에서도 오래된 교회나 모스크들이 푸르른 폐의 역할을 한다. 에윱의 유명한 모스크 주변에는 신성한 묘지이기에 보존된 오래된 나무들만이 골든혼(이스탄불의 내항) 황새들의 거의 마지막 남은 번식장이 되어주고 있다. 방콕에서도 비슷한 사례를 볼 수 있다. 불교 사원인 와트는 스모그에 지친 시민들 뿐 아니라 서식지가 사라진 많은 동물들에게 유일한 필수적인 공간을 제공하고 있다.

영국에서는, 1980년대 후반에 이러한 도시생존현상을 제대로 활용할 계획도 개시되었다. 이 프로젝트는 "살아있는 교회 앞마당"이라는 것이다. 죽은 사람이 살아나는 그런 목적이 아닌, 서식처가 파괴된 생물들에게 피난처를 제공해주는 것이 이 프로젝트의 비전이다. 이제 6,500곳이 넘는 영국 교회들이 그들 소유의 작은 땅을 새, 파충류, 본충, 박쥐 등을 위한 "신성한 생태계"로 운영하고 있으며, 살충제도 사용하지 않고 잔디도 일 년에 한번 정도만 깎고 있다.

이것은 기존에 늘 있었던 공간인 지역 교회 앞마당을, 자연을 존중하는 교회의 핵심 가르침을 담은 공간으로 바꾼 예이다. 이 계획은 여러 가지 이유로 굉장히 성공적이었다. 첫째, 한눈에 보아도 합리적이고, 둘째, 실행하기 간단하며, 셋째, 신학적으로 건전하며, 넷째, 수백만의 지역 사람들이 교회, 학교, 지역 단체 등을 통해 지속 가능한 환경 프로젝트에 참여하도록 해주기 때문이다.

이 하나의 프로그램에서부터 단순히 공동묘지뿐 아니라 "신의 땅"이라고 불리는 전반적인 교회 땅을 어떻게 지킬지에 대한 행동수칙까지 나오게 되었다. 이렇게 가능성을 싹틔우기까지 약 15년 정도가 걸렸지만, 일단 땅 운영 방식이 확립되고 나면, 미래에 "교회에서 하는 일"의 한 부분이 될 것이다. 그때까지 또다시 적응해야 하는 시간이다.

장기적으로 생각하기의 두번째 예는 더 큰 시간의 척도를 다룬다. 시크교에서는 시간이 300년 주기로 측정된다. 1999년에 시크 교인들은 그들의 세번째 주기에 들어갔다. 처음 두 번의 주기는 시작 직전에 있었던 사건에서 영감을 받아서 명명되었고, 그 이름들이 이후 주기의 정신을 빚었다. 예를 들어, 1699에서 1999까지의 시간은 "검의 주기"로 불리었는데, 이것은 17세기 말에 시크 교인들이 인도를 침략해온 무굴제국을 상대로 목숨을 걸고 싸웠기 때문이다. 시크 교인들은 단순히 자신들을 위해서가 아니라, 모든 약하고 연약한 것들을 보호하기 위해 반격했다. "검의 주기"는 펀자브에서 시크교 군인들이 독립된 국가를 만들려다가 인도 정부로부터 무참히 밟히는 끔찍한 내전으로 그 막을 내렸다.

1999년이 다가오며, 시크교 리더 들은 앞으로 다가올 300년을 위한 완전히 다른 주제를 원했다. 당시에 ARC는 토지 운영과 대체 에너지 계획을 위해 시크교와 긴밀하게 협조 중이었다. 우리의 논의를 통해 새로운 주기를 "환경의 주기"나 "창조의 주기"로 명명하자는 아이디어가 제기되었다. 이 아이디어에 전체 공동체 원들이 동의를 하였고, 시크 교인들은 환경에 신경을 쓰겠다는 300년의 약속을 하였다. 이것이 무엇을 의미하는가? 우선, 많은 시크교 사원에서 이제는 찐득한 간식거리가 아니라 나무 묘목을 신자들에게 축복의 의미로 나눠준다. 약 천만 그루의 묘목이 매년 나눠지고 있으며, 이것들이 향후 삼림지대와 정원을 만들게 될 것이다. 종교는 장기적인 관점에서 생각하며, 오랜 시간에 걸쳐 무언가를 하는 경험이 있기 때문에 이와 같은 헌신을 할 수 있다.

어떻게 종교가 장기간에 걸쳐 이야기를 통해 소통하고, 사람들에게 최우선의 가치를 알려주며 생각을 바꾸는 지를 보았으니, 이제 환경 운동가(신념 때문이든, 세속적 이유에서든)들이 어떻게 이 가르침을 환경을 위해 행동으로 실천할 수 있는 지를 보도록 하자.

가지고 있는 것을 사용해라; 충분할 수도 있다

때로는, 전통적인 관습이 다시 의미를 가지고 그 가치가 관련성을 가지도록 조명을 비춰주는 게, 필요한 것의 전부일 때도 있다. 단적으로, 이슬람의 생태계 운영에 대한 전통적 수칙의 부활을 보자.

인도네시아의 자바 섬에서는 이제 너무 많은 나무들이 파괴되어 평지림(저지대의 숲)이 거의 사라졌으며, 통계학자들의 말에 따르면 벌목을 중단하기 위한 엄청난 노력이 없이는 수마트라가 2005년쯤 같은 자리에 있을 것이라고 한다. 이 위기에 대처하기 위해, 그리고 ARC와 세계은행의 프로그램으로부터 권고 받고 난 뒤에, 몇몇의 자바 무슬림들이 나무를 지키기 위한 수세기 동안 동면하고 있던 잊혀진 고대 관습을 다시 회복하고 있다. 이것을 바탕으로, 이슬람 지도자들이 인도네시아 식물원의 환경 보호자들과 함께 협력하며 시골 이슬람 공동체들과 고지대 지역들에 언덕과 산의 "수호자"들을 지명하라고 "새로운 관습"을 만들었다. 이것은 상상의 입장이 아니다: 이 지역 담당 보안관들은 담당 지역의 벌목과 그 외 파괴적인 행동들이 일어나고 있는지에 대해 감시해야 한다. "이미 주 소속 삼림 회사들이나 경찰들이 불법 삼림과 심하게 연관되어 있는 것 같다"고 책략을 시작한 종교 지도자인 무사다(Kyai Thontowi Musadda)가 얘기했다. 한번 지역 커뮤니티에서 환경을 보호하는 것은 샤리아(Shariah)나 무슬림의 법의 일부분이라는 것을 알게 되자, 그들은 부패한 공무원들의 사임을 요구했을 뿐만 아니라 점차적으로 본인들이 적극적인 산 지킴이가 됨으로써 처음 선전되었을 때 보다 오늘날 더 필요한 이슬람 전통에 새로운 삶을 주고 있다.

마찬가지로 태국에서는, '불교도 자연 보호 프로젝트'와 관련된 환경운동자들이 태국의 숲 수도승들이 숲을 보존하는 전통에 대해 인식하게 해주었다. 중요한 사실은 어딘가에 수도원이나 수도승의 간단한 거처가 있는 곳이라면 그 지점의 5 또는 10마일의 주변이라도 숲이 있다면 신성시 된다는 사실이다. 그렇기 때문에 부처님과 수도승들 및 수많은 지역불교와 관련된 숲의 신들을 화나게 할 수도 있다는 두려움 때문에 벌목할 수 없게 된다. 위험에 처한 숲에 살기로 정한 숲 수도승들은 명상하는 것만으로도 적극적인 환경운동가가 될 수 있다.

인도네시아 무슬림 케이스와 태국의 불교신자들의 두 케이스에서 새로운 것이 만들어진 건 없었다. 다만, 오래된 전통들이 새로운 임무와 의미를 줬을 뿐이다. 이것은 종교가 사람들로 하여금 환경관련자들, 과학자들 그리고 정치그룹들과 투쟁하여 더 좋은 세상을 만들게끔 했기 때문에 일어날 수 있는 일이였다. 세속적인 힘들에 의해 만들어진 도전이 아니었다면 신념이 이런 활동들을 일어나게끔 했다는 것은 믿기 힘들 것이다. 이런 신념들이 없이는 세속적인 힘들은 진지하게 사람의 행동을 실제로 바꿀 수 있는 확률은 거의 없다고 보면 된다.

동료를 찾아서

1987 전하이자, 국제야생보호기금 이사장인 필립 왕자는 자연환경 보호를 위한 운동을 위해서는 사람들에게 지구를 살려야 한다는 관심과 메시지를 퍼트리는 걸 도와줄 협력자들을 찾는 게 시급하다고 제안하였다. 그리고 그는 창조물들을 케어하고 보호하기 위한 어떤 다양한 가르침들이 있었는지 알기 위해 전례에는 없었던 5개의 종교(불교, 기독교, 힌두교, 이슬람교, 유대교) 대표자들을 만나러 가는 과정을 밟았다. 이 미팅은 생태의 가톨릭 성자 성인 프란치스코(St. Francis)의 본고장인 이태리 아씨시(Assisi)에서 이루어졌다. 그리고 이 미팅의 중요한 이유들은 필립왕자가 애기한 연설에 언급되어지고 있다.

우리는 비전과 희망을 찾기 위해 아씨시에 왔다: 나머지 세상들과 새롭고 보살피는 관계를 찾아내기 위한 비전 그리고 자연 파괴가 이 세상 모든게 다 없어지고 낭비되기 전에 멈출 수 있다는 희망. 저는 바로 오늘, 이 생태계의 성지인 이곳에서 종교의 힘들과 보존의 힘들이 합쳐져서 새롭고 파워풀한 연합이 만들어졌다는 것을 믿습니다. 나는 세속적인 보전이 자연 세계의 문제점에 대해 다른 시각에서 보는 것을 배웠다고 확신합니다. 그리고 종교적 지도자분들도 이 자연 세계가 그들의 적극적인 관여 없이는 보존되기 힘들다는 것을 배웠다고 믿습니다. 두 단체 모두 오늘날과 같으면 절대 안 됩니다.

이 바뀌어진 비전, 그리고 더 넓어진 세계적 시야가 종교적이고 세속적인 부분에서 가장 중요하다. 우리는 세상에서 불편한 상황들과 우리를 흥분시킬 새로운 아이디어, 모델 그리고 비전들과 맞닥뜨려야 한다.

필립왕자는 개종자들에게만 설교한 것은 아니었다. 아씨시에 있던 사람들을 포함한 대부분의 사람들에게 종교적인 힘들이 환경보존에 있어서 중요하다는 아이디어는 매우 이상하게 느껴졌다. 왜냐하면 대부분의 일반 사람들에게는 종교는 그저 현대사회와 딱히 연관성이 있다고 생각되지 않거나 개인적인 문제로 받아들여졌기 때문이다. 하지만 우리가 알듯이, 우리가 어떤 종교적인 믿음이 있고, 종교를 갖고 있든, 그들이 말하는 말들은 사실 다 말이 되는 것들이고, 심지어 살아가면서 도움이 되는 말들이다. 몇몇은 어떻게 살아야 좋은지, 효과적인지 그리고 놀랍게도 제일 중요한 가르침은 '어떻게 하면 과도하게 독실해지지 않을 수 있을까'에 대한 가르침이었다. 모임을 어떻게 하는 것에 대한 가르침도 있다.

지구를 지키고 우리 자신도 지키자

운동가, 활동가들의 세계에서 제일 슬픈 현상은 그들이 환경적 일이든, 평화적 일이든 무엇이든 간에 '소진'이라는 현상이다. 많은 활동가들이 그들의 활동을 통해 새로운 것을 창조해 내어 더 살기 좋은 세상을 만들라고 하지만 끝내 지치고 소진돼 버리고 끝나버린다. 여기서 다시, 종교들은 먼저 이러한 현상들에 대해 알고 있었고 이러한 부분에 대해 우리는 몇 가지 조언을 구할 수 있을 거라고 생각한다.

성 프란치스코에 관한 미담이 있다. 모든 하나님의 이름으로 만들어진 창조물들에 있어 헌신적이고 선지자였다. 그는 프란치스코 운동이 일어날 때 자신은 물론, 그의 형제들에게도 직급을 맡게 하지 않았다. 그들의 기도 책들도 허용되지 않았다. 1210년, 성 프란치스코는 현재 교황에게 지금 새롭게 일어나고 있는 종교적인 운동의 법들을 말해주기 위해 로마로 여행을 떠났다. 하지만 교황은 그 법에 대해 권한을 부여하는 것에 대해 거절하였다. 이 혼란스러운 상황에, 프란치스코는 교황에게 계속 설명하면서 간절히 부탁드렸다. 교황이 말하길, 프란치스코 너와 같은 투지가 있는 사람은 극심한 법에 따라 살아갈 수 있는걸 나는 의심치 않는다. 하지만 너와 다른 사람들에 대해서도 생각을 해봐야 하지 않겠느냐. 그는 프란치스코에게 동정하며, 일반인들도 무난하게 따를 수 있는 법을 다시 생각해 와라, 나중에 모두 소진되지 않을 만한 법으로. 그리하여 프란치스코는 훗날 수많은 사람들에게 영향을 준 법을 다시 만들어 왔다. 이 법은 온 동정심과 열정이 모두 고려되어서 만들어 졌다고 할 수 있다. 단 종교인들은 그냥 일반 사람들에게 어떤 것을 당연하게 요구해서는 안 된다는 걸 알고 있다: 일반인들이 축복하고 회개할 수 있게 해야 한다. 이 위대한 신앙들은 1년의 사이클에 앞서 말한 내용들을 담고 있다. 그리고 종교적인 달력들을 보면 어떻게 관리할 수 있고, 1년을 되돌아 볼 수 있는 다양한 시간과 공간 그리고 생각들을 할 수 있게 분할해 놓았는지 배울 점들이 많다. 기독교를 예로 들자면, 단식과 축제가 달력에 붉은 글씨로 표시되어 있다. 단식은 사람들에게 자신을 통제할 수 있게 하기 때문에 중요하다. 하지만 축제는 '사순절과 재림절과 같이 단식의 날 다음으로 바로 이어진다. 부활절과 크리스마스가 그 예이다. 이 축제들은 우리의 기쁨과 부, 그리고 풍부함을 기념하는 날들이다.

이슬람교도 이와 비슷한 양식을 가지고 있다. 단식의 날 라마단은 축제의 날(Eid-Ul Fitz) 전에 있다. 그리고 에이드 축제날은 인도네시아에서는, 세계은행이 무슬림에게 매일 환경에 영향을 주는 여러 가지 일들에 대한 생태 프로그램을 만들었다. 이 축제날에 적당히 알맞은 환경축제들이 스케줄 되어 있다는 것이 라마단 단식 날 동안 라디오와 뉴스에 의해 전달될 것이다.

더 나은 세상을 만들기 위해 바꾸려고 하는 모든 운동들이나 그룹들에게, 개인이 무엇을 할 수 있는지, 그리고 즐거움과 평온함을 가질 수 있는 것에 대한 한계가 어느 정도인지 아는 것은 매우 중요한 사실이다. 이것에 대해 중요하게 얘기하는 두 명의 유대인들이 있다. 첫 번째 내용은 심판의 날이 오면, 너는 정당한 즐거움들 외에 누리지 못한 것들에 대해 심판받고 비난받을 것이다 라는 내용이다. 두번째 말씀은 죽기 직전에 아무도 "아 사무실에서 좀더 많은 시간을 보냈으면 좋겠다"라는 이야기를 아무도 한적인 없다는 것이다.

자기 회개와 축제 사이의 균형을 맞추는 것이 중요하다는 것을 이해하는 것은 신념이 환경적이고 발달상의 운동을 일으킬 수 있다는 것을 알 수 있다. 비슷하게 우리가 더 깊은 사실을 알기 위해 노력해야 하는 계획을 세우는 것은 신념에 있어서 엄청 중요하다.

내가 개인적인 예를 들도록 하겠다. 나는 오랫동안 기독교와 중국 종교의 신성한 여자의 요소에 대해 관심을 갖고 있었다. 중국 종교에서는 신성한 여자가 이야기나 동상들 그리고 유명한 관세음보살에 뚜렷하게 나타난다. 그녀는 우리가 1장 몽골에서 만난 Bodhisattva of Compassion, Avalokitesvara의 여성 버전이다. 그녀의 전통의 핵심은 신성한 섬과 푸트오 샨(Putuo Shan) 섬인데, 이것은 상해 근처 동쪽 해안에서 30마일 정도 떨어져 있다. 나는 이곳을 오래전부터 오고 싶어 했지만 그러지 못했다. 내가 이곳으로 가려고 시도할 때마다, 여행이 항상 취소되었다. 한동안 이 여행을 결국 하지 못하겠다는 절망감에 휩싸여 있었다. 그러나 그때 16세기 때 대사가 말씀하신 어떤 문구가 뇌리를 스쳐지나갔다. 그는 "너는 관세음보살을 만나기 위해 동해에 가지 않아도 된다. 푸트오는 너의 안에 계신다"라고 얘기하셨다. 신념들은 주장한다. 세상을 바꾸기 위해서는 나 자신부터 바꿔야 한다고 그리고 그래야만 세상을 다르게 볼 수 있는 능력이 생겨난다고.

위에 얘기한 모든 이야기들은 전부 전토의 좋은 점들을 통해 기존의 맥락과 다른 새로운 의미를 부여하는 것에 관한 이야기들이었다. 그들은 세상의 놀라움에 대한 것을 이야기하고 있기도 하다. 세상을 더 좋게 만들려는 그룹들엔 종종 재미없고 따분한 사람들이라는 인상을 받게 되었다. 이것은 세속적인 세상에서도 사실이다. 신념의 메인 요소들은 환경적이고 발전하는 운동들을 세속적 시각에서 신의 사랑을 받고 만들어진 창조물들이라고 생각하게 만든다. 매일 아침, 예를 들면 성당이나 힌두교를 믿는 사람들이 매일 아침마다 기도드리는 것을 보면, 자연 그것만 온전히 있을 때 축복할 만한 것이다.

인간사회의 너무 극단적인 부분들에만 주목하는 세계관은 어떠한 사람에게도 영감을 주거나 자극시킬 수 없다. 그러한 것은 사람들에게 공포심을 일으킬 수도 있지만, 공포심은 세계관의 좋은 기반이라고는 할 수 없다. 종교인들은 공포수법을 이용해서 사람들로 하여금 헌신하도록 유도하기 위해 죄스러운 일들도 많이 해왔다. 스리랑카나 중국에서 불교 절에 방문해보면 그곳의 벽면에 그려져 있는 18개의 지옥들을 볼 수가 있는데, 이것은 좋은 방면으로 사람들에게 공포심을 주려는 의도가 있다. 또는 믿음이 불타는 기독교인이나 힌두교인이 영혼을 기다리는 고통에 대해 말하는 것을 들어보아라. 더 기본적인 걸로 얘기하자면, 종교를 통해 사람들은 생일이나, 결혼식, 탄생일 그리고 특별한 행사나, 슬픔, 죽음, 배신을 경험한다. 종교는 일상생활의 신성불가침에 대해 영광으로 돌린다.

2002년 11월에 필립왕자의 요청에 의해, 그리고 엘리자베스2세 여왕의 즉위를 기념하기 위한 선물로 ARC는 "창조의 축복(Celebration of Creation)'이라는 것을 런던에서 주최했다. 주요 11개의 종교 대표자들이 참여했다. 그곳은 기도와 음악, 춤으로 가득했고 그리고 그날을 위해 만들어진 안락한 정원까지 갖추어져 있었다. 이 기념행사라고 불려졌다. 왜냐하면 환경 운동이 시작하면서 우리의 우주의 파괴를 막기 시작했다는 점 그리고 더 나아가서 모든 창조물들을 보호하기 위해 모든 신념들이 모아졌다는 점들 등 감사할 사항들이 너무 많았기 때문이다.

종교들은 그들의 신념에 따라 이 행사 날을 기념하였다. 창조는 위대하고, 불가사의하고, 심오하고 희망적인 거라고 이야기한다. 신념이 우리에게 선물할 수 있는 제일 신성한 선물은 바로 희망이 아닐까 싶다. 우리가 살고 있는 이 자연물들을 파괴하는 것들을 멈추고 , 아름다운 무언가로 바꿀 수 있다는 희망 말이다.

내가 이 장에서 말하고자 하는 것은, 전환에서 필요한 첫번째 사항은 종교들이 우리에게 파괴적인 마음을 뒤바꿀 수 있는지 가르치는 내용과 흡사하다. 그것들은 이러하다:

- 아름다운 얘기하기 - 5장에서 다룰 것이다.
- 바로 다음 단계만 생각하지 않고 길게 생각하기
- 우리가 이미 알고 있는 상식들, 지혜를 눈여겨보고, 이것들을 새로운 문제에 적용하기
- 열심히 일하자, 하지만 과도한 일은 삼가기
- 살아가면서 잃게 되는 것보다 우리가 갖고 있는 거에 대해 감사하기

개인의 변화는 기관의 변화와 관련이 있다. 다음 장에서는 한 기관이 어떻게 하면 개인들을 바꿀 수 있는지에 대한 야심찬 예시들을 알아볼 예정이다.

4. 미래에 투자

사람이 등불을 켜서 말 아래에 두지 아니하고 등경 위에 두나니 이러므로 집 안 모든 사람에게 비치느니라. 이같이 너희 빛이 사람 앞에 비치게 하여 그들로 너희 착한 행실을 보고 하늘에 계신 너희 아버지께 영광을 돌리게 하라.

- 성경 (마태복음 5장: 15-16절)

세계의 6분의 1 이상이 기독교이다.

1935년 대공항이 절정인 시절에, 프랑스 외교관은 조세프 스탈린은 기독교를 진지하게 받아들여야한다고 제시했다. 소련의 수장은 조롱하듯 답변했다: "교황? 그 사람은 몇 사단이나 갖고 있는데?" 답은 물론 없었다-교황은 이제 더 이상 군대를 갖고 있지 않다. 그러나 모순적이게도, 몇 십 년 뒤에 스탈린의 제국을 멸망시키는 데에 도움을 준 것이 바로 존 폴 2세 교황이다. 뿐만 아니라, 교황은 일반적인 군대를 가질 수는 없지만, 그는 전 세계에서 가장 큰 단일 자발적 단체의 지도자이다: 가톨릭교는 세계적으로 10억 명이 넘는 신도들과 그에 따른 영향력을 가지고 있다.

이번 장에서는, 더 나은 세상을 만들기 위한 몸부림 속에서, 어떻게 지금까지 잠재적인 믿음의 "군대"가 거의 무시되었는지-아니면 그것은 어쩌면 가끔 자기 자신들에게도 보이지 않는 것이었는지에 대해 알아볼 것이다. 그리고 이번 장은 하나의 종교나 NGO나 세상에서 가장 큰 은행도 그것 자체에겐 큰 영향을 줄 수 없다는 것을 얘기하고 있다. 그리고 우리가 정말로 종다양성을 지원하기 위해서는, 인간이 믿음의 다양성, 경험 그리고 자원에 대한 인지를 하고, 함께 살아가고, 궁극적으로는 그것을 유용하게 써야한다는 것이다. 이것은 2000년도 세계은행이 지원한 UN 정상회담에서 채택된 밀레니엄 개발 목표에 인정된 것이다.

세계은행 개발 담당자 케서린 마셸의 가치와 윤리에 대한 대화에서 첫번째 점을 잘 언급한다.

> 과거 많은 개발 전문가들에게 종교란 인정받기는커녕 거의 보이지도 않는 존재에 불과했습니다. 이런 경향엔 좋든 나쁘든 많은 이유가 있습니다. 힘들게 정착된 정교분리의 원칙이 개발과 종교의 사이를 갈라놓고 있는 것이죠. 종교가 개발에 있어 중요하다는 것과, 그 반대로 개발이 종교의 발전에 중요하다는 것, 그리고 그렇기 때문에 종교 기관과 그 지도자들이 개발 기관들과의 대화를 늘려나가야 한다는 제안은 많은 사람들을 불편하게 했습니다. 이 두 세상은 아주 멀리 떨어져 있는 것으로 생각되어왔고 종교가 심적인 영역을 담당하는데 비해 개발은 매우 현실적이고 물질적인 세상에 대한 것이기 때문입니다. 이런 원론적인 반응을 넘어서는 데에 많은 생각을 필요로 하는 것은 아니지만, 그러한 반응 자체는 아주 중요한 의미를 담고 있습니다. 이 두 세상이 서로 멀찍이 떨어져있는 것뿐만 아니라 두 세상을 한데 묶을 수 있는 감정적 반응 역시 언제든 뒤바뀔 수 있다는 것이죠.

하지만 속세가 종교의 중요성에 눈을 뜨고 있다는 긍정적인 신호 역시 존재한다. 2003년 세계은행에서의 연설에서 아일랜드의 총리 버티 아헤른은 선교단에 이렇게 찬사를 보냈다.

> 저는 특히 오늘 날의 많은 아프리카 지도자들을 포함한 수천 명의 가난한 사람들을 위해 교육과 보건을 수십 년간 제공한 선교단들에 찬사를 보냅니

> 다. 아일랜드의 선교단들은 많은 아프리카 국가들의 발전과 개발에 매우 중요한 역할을 해왔습니다. 그들의 역할은 특히 아일랜드와 아프리카 국가들 간의 유대감을 쌓을 수 있는 토대를 마련해주었습니다. 우리의 대외원조예산이 증가함에 따라 우리의 선교단들에 대한 지원 역시 증가할 수 있도록 노력하고 있습니다. 개발에 대한 공헌과 더불어 선교단이 그 안에 내재되어 있는 도덕적 권위와 영향력을 바탕으로 개발 협력에 윤리적, 정신적 의미를 부여함으로써 개발에 있어 매우 중요한 파트너가 되었다는 짐 울펜손 세계은행 총재의 말에 동의합니다.

종교에 그 기반을 둔 환경운동가들에겐 환영받을 만한 발언이지만 여전히 관심을 끌 만큼 예외적인 발언이기도 하다. 그리고 이러한 문제점들은 꼭 세속적인 기관 혹은 기구에만 있는 것은 아니다. 종교 사회 역시 그들의 진정한 영향력에 대해 심각하게 생각하고 있지 않다.

종교적 화폐를 찾다

1999년 ARC는 유력 종교 기관들의 재정 상태를 알아보기 위해 교회의 자산에 대한 감사를 시작했다. 우리는 큰 규모의 교회 기관들은 적어도 자신의 자산에 대해 정확히 알고 있을 거라 생각했다. 하지만 대부분 그렇지 못했다. 가장 흥미로운 사례는 테네시주 내쉬빌에서 첫 만남을 가진 미국 감리교단의 사례이다. 감리교단은 1100만 명의 신도를 가진 미국에서 4번째로 큰 교단이다. 총 66개의 지부를 가졌으며 행정, 교육, 여성, 사회 문제, 선교, 출판, 연금 등을 포함해 수많은 일들을 다루는 위원회를 가지고 있다.

감리교단과의 첫 만남에서 우리는 주요 위원회의 이사장들과 만남을 가지고 각 위원회가 환경 문제를 위해 노력하고 있는 일들에 대해

들었다. 얼마 지나지 않아 연금 위원회 대표 로리 미카로우스키를 만나게 되었고 연금 위원회에서 관리하는 자금이 모두 윤리적으로 감시 감독되고 있으며 곧 사회적 책임 분야에 투자할 것이라는 이야기를 들었다. 우리는 그의 얘기에 감명을 받고 연금 위원회에서 굴리고 있는 투자 포트폴리오 총액에 대해 문의했다. 그리고 그 총액이 120억 달러에 달한다는 사실을 들었을 때 더욱 감명 받을 수밖에 없었다. 그 이후 우리는 감리교단 전체가 소유하고 있는 금융 자산에 대해 문의했지만 아무도 모른다는 답을 들었다. 감리교단은 몇 개월의 걸쳐 총 자산을 평가한 후 알려주겠다는 답변을 해주었고 몇 달 뒤 그 답변이 도착했다.

미국 감리교단은 대략 700억 달러에 달하는 자산을 소유하고 있었다(이와 비교해 영국 성공회단은 이 액수에 거의 100배에 달하는 자산을 소유하고 있다.). 우리는 다른 교단들 역시 이와 같이 큰 액수의 자산을 소유하고 있으며 사회적 책임 분야에 투자가 종종 이루어지고 있고 이러한 투자가 더욱 활발히 이루어질 수 있는 가능성을 가지고 있다는 것을 발견할 수 있었다. 우리가 우연히 발견한 사실은 바로 주요 교단들이 엄청난 금융 자산을 소유하고 있다는 것이었다. 한 번도 효과적으로 사용되지 못한 힘이었고 교단들이 쉬이 내보이지 않는 힘이기도 하다.

기독교적 용어로 설명하자면 하나님과 맘몬의 관계에 대해 논하는 것에 대한 전통적인 수치심이 존재한다. 교단들은 세속적인 세상에서의 자신들의 물질적, 경제적, 사회적 추구를 논하고 싶지 않았다. 수많은 은행 혹은 다국적기업에 비해 훨씬 더 큰 자산을 소유하고 있음에도 불구하고 자산을 쉬이 활용하지 않은 것이다.

우리는 주요 교단의 역할을 이해하기 위해 보다 사업적으로 다가갈 필요가 있으며 이러한 말이 그 어떠한 의미에서도 비판적이거나 부정적이지 않다는 사실을 깨달아야 한다. 또한 아주 큰 숫자를 보며 이해할 필요도 있다. 예를 들어 가톨릭교엔 세계 인구 6분의 1에 달하는 10억 명이 넘는 교인이 있다. 또 150만 명 정도의 신부들과 수사 그리고 수녀들이 일하고 있고 이러한 수치는 가톨릭 학교에서 일하는 선생님들을 합쳤을 때 2000만을 넘어간다. 가톨릭 관련 청년 봉사자들을 포함한 사회 봉사자들과 행정 직원들을 포함해 50여 만 명의 사람들이 추가로 존재한다.

교회, 수도원, 수련원, 교구, 스포츠 시설, 출판사, 언론사, 연구원 그리고 대학교를 포함한 가톨릭 관련 건물들을 살펴봤을 때 대략 100만개의 시설을 소유하고 있다. 가톨릭교는 또 많은 국가에서 가장 불행한 사람들을 돕는 사회적 보장망을 운용하고 있다. 게다가 이태리, 브라질, 독일과 스페인을 포함한 많은 국가들의 국가 관광 사업의 중심에 위치한 성당과 교회와 같은 역사적 건축물들을 운영하고 있다.

그렇다면 가톨릭교는 대체 어떻게 이렇게 많은 수의 인원에 대한 보수를 지급할까? 물론 도움이 되긴 하지만 미사 때마다 모이는 헌금에 의지할 수는 없는 법이다. 정답은 가톨릭교가 운용하고 있는 자산에 있다. 사실상 큰 규모의 사업이라고 할 수 있으며 보다 정확히는 지역적, 국가적, 세계적으로 운용되는 자산을 가지고 있는 수많은 사업의 연합체라고 할 수 있다.

이러한 관점에서 가톨릭교를 살펴보았을 때 우리는 가톨릭교가 환경 및 개발 문제에 기여할 수 있는 커다란 가능성을 비로소 이해할 수 있을 것이다. 수많은 비정부기구와 국제기구들은 후원 기반과 잠재력 그리고 네트워크를 구축하기 위해 절실히 노력하고 있지만 가톨릭교는 이미 이 모든 것을 갖추고 있다. 사실상 모든 국가에 존재하고 있으며 많은 나라에선 모든 도시와 마을에까지 그 존재감을 나타내고 있다. 바티칸 본부에는 141명의 대사가 존재하며 이는 그만큼 많은 국가들이 가톨릭교와의 관계를 중요하게 생각하고 있다는 것을 보여준다. 그리고 우리가 살펴보았듯 아주 많은 돈과 투자 능력을 보유하고 있다. 가톨릭교를 광대한 다국적 사업으로 보지 않는 것은 사실 조금 순진한 생각이다. 하지만 교회에 대한 세속적 단체들의 시각은 (그들조차 명확히 나타내지 못하는 듯하지만) 교회가 더 이상 상관이 없다는 것이다.

시크교의 사례 역시 좋은 사례를 보여준다. 전체 시크교 중 82%인 1300만 명의 신도가 살고 있는 인도에는 “구루두와라”라고 불리는 사원이 28,000개나 운영되고 있다. 각 “구루두와라”는 사원의 필수적 부분으로서 믿음과 카스트 혹은 그 어느 것과 상관없이 공짜로 밥을 먹을 수 있는 “랑가”를 운영하고 있다. 시크교 공동체는 매일매일 스스로의 재원을 활용해 누구든 희망하는 이들에게 식사를 제공하고 있다. 실로 대단한 이 관례로 인해 매일 식사를 제공받는 이는 델리의 5대 “구루두와라”에서의 만 명을 포함해 총 3000만 명의 다다른다. 이 일에 사용되는 에너지는 사회적 중요성은 과장해 말하기조차 힘들다. 시크교의 “구루두와라” 덕분에 수백만 명의 인도인들이 생존할 수 있다. 여기에 더해 학교와 보건소와 같은 다른 복지 시설을 포함한다면 우리는 만약 존재하지 않았다면 인도가 훨씬 더 가난했을 주요 국가적 사업을 목격하고 있는 것이다.

이처럼 커다란 사업은 신중한 재정관리가 동반되어야 한다. 신도들의 헌금은 배고픈 이들을 위한 식사에 투자되기 이전 금융 자산과 사업에 투자되기 마련이다. 하지만 회계사들의 존재 없이 시크교는 자신들의 신념적, 사회적 복지를 이어갈 수 없을 것이다. 그럼에도 불구하고 이 장 초반부에 소개되었던 세계은행의 캐서린 마샬의 발언처럼 주요 교단이 쥐고 있는 거대한 재원은 심각하게 받아들여진 적이 없다. 그리고 우리가 발견한 대로 주요 교단들 역시 자신의 재원으로 세상을 보다 좋은 곳으로 만드는 일에 충분히 공감하지 못하고 있는 상황이다.

종교 간 국제적 협력 투자

2000년 10월 네팔 카트만두에서는 주요 교단과 환경 및 개발 공동체 대표들이 역사적 회동을 가졌다. 대표단은 "3iG"란 이름의 타 종교 간 국제 협력 투자 기관의 설립을 지원하기로 결의했으며 ARC에 제반 작업을 맡기기로 했다. 이 사례는 서로 다른 공동체가 함께 협력하여 서로에 대한 존중을 넘어 그 위에 능동적 협력관계를 쌓아올리는 대표적 사례가 되었다.

카트만두에서의 만남 이후 3iG의 주요 목적은 "각 종교의 신념과 가치와 환경 그리고 인권을 고려하여 지구의 모든 생명에 이바지하는 것"으로 설정되었다. 대부분의 교단들은 이미 명확한 윤리적 정책을 설정하고 담배, 술, 도박, 무기 산업을 비롯해 윤리적으로 어긋난 국가를 지원하는 회사를 투자 대상에서 "배제"할 단체들로 분류하였다. 하지만 몇몇 교단들이 소규모 마을 여성들에게 주로 제공되는 소액대출과 같이 매우 중요한 지원 사업을 지원했음에도 불구하고 대부분의 경우 사회적으로 이바지할 수 있는 또 환경 문제를 개선할 수 있는 사업을 진행하는 단체와 회사에 투자하는 것을 고려하고 있지 않다. 3iG는 이러한 문제점을 개선하기 위해 사회적, 환경적 단체에 최고급 연구와 정보를 제공을 지원하기 위해 설계되었다.

지원에 대한 자금 조달은 어떻게 이루어지는 것일까? 교단들은 비교적 단기적 이익을 고려하는 일반적 시장 행위자들의 비해 훨씬 장기적인 투자 목표와 관점을 가지고 있다. 지속성 보장하기 위해 단기적 이익을 생각하지 않을 수 없지만 모든 수익을 당장 내일 가지고 갈 필요는 없다. 하지만 이러한 투자에 대한 단기적 전망 역시 점점 더 중요하게 받아들여지고 있다. 윤리적 투자는 그 지속성 때문에 일반 시장에서 점점 더 중요하게 여겨지고 있다. 간단히 말해 만약 어느 특정 회사가 효율적으로 에너지를 절약하고 환경 보호를 위해 노력할 수 있는 여력이 된다면 성공적으로 사업을 운영할 확률이 높다는 것이다.

2002년 6월 서로 다른 교단의 재무 담당자들은 3iG를 모든 교단의 자산 관리자들과 재무관들이 공감할 수 있는 독립적인 기관으로 설립할 수 있는 모델을 만들기 위해 뉴욕에 모였다. 이 새로운 단체는 교단들의 종교적 자산을 관리하기 위해 만들어지고 있고 종교 단체 소속 고문들과 더불어 시티그룹과 라보은행 그리고 세계은행과 이노베스, WWF 인터내셔널과 같은 기관과 메들리 국제적 자문단과 같은 씽크탱크 등 세속적 고문들을 두고 있다.

이 일은 종교 단체와 세속적 단체 간의 협력을 넘어 3iG가 "집단체제"로 부르는 개념을 통해 서로 다른 종교 간의 협력이 어떻게 긍정적인 방향으로 발전해나갈 수 있는지에 대한 모범적 모델이다. 예를 들어 3iG에 소속되어 있는 종교단체들은 WWF와 세계은행 그리고 3iG 스스로의 고문들로부터 받은 권고사항을 고려해 대체 에너지와 같은 몇몇 주요 부문에 혁신 투자를 진행하기로 결정했다. 현재 많은 주요 부문과 관련된 일에 투자가 원활히 이루어지지 않고 있는 상황이며 현존하는 에너지 관련 산업에 의해 저지될 위기에 항상 노출되어있다. 이러한 "가난의 덫"을 벗어나기 위해 대체 에너지 산업은 연구개발에 대략 7억 달러 정도에 투자가 필요한 것으로 판단되고 있다. 아무리 미국 감리교단과 같이 크나큰 자산을 가지고 있는 교단이라 해도 독자적으로 이 만큼의 투자를 감행하기는 어려운 일이다. 하지만 3iG는 현재 이런 문제에 도전하기 위해 여러 종교 단체 간의 집단 투자 체제를 만들고 있는 것이다. 오로지 자선을 위한 일은 아니다. 우리가 살펴보았듯 종교 단체들 역시 안정적인 운영을 위해 좋은 수익률을 올려야 한다. 하지만 다른 투자자들처럼 당장 수익이 발생하지 않아도 될 뿐더러 종교 단체들은 장기적인 관점에서 유의미한 수익이 발생할 수 있는 사업체를 고려할 여력이 있음과 동시에 세상을 보다 좋은 곳으로 만들 가능성도 있는 것이다.

ARC의 운영 과정에 기초한 집단 투자 모델은 각 교단의 완전한 독립성을 유지한 채 타 종교 간 협력할 수 있는 방안을 마련해준다. 통합보다는 다양성을 핵심 가치로 둘 수 있게 되는 것이고 각 단체들 역시 자신들이 설정한 주요 가치에 협력할 동반자를 쉽게 찾을 수 있게 된다. 예를 들어 이슬람교와 도교 또 기독교 투자자들이 협력하여 가난한 마을의 지속 가능 성장을 위해 무이자 소액 대출을 위해 협력할 수 있게 되는 것이다. 이는 각 종교의 특정 핵심 가치와도 신념과도 부합한 일이기 때문이다. 또 다른 예로 힌두교와 자인교 그리고 조로아스터교의 투자자들이 한데 모여 인도의 물 산업에 집단 투자를 할 수도 있을 것이다.

이러한 다원주의는 나머지 세상과의 관계 발전을 꾀하는 많은 교단에 유동성을 부여할 것이다. 이는 매사추세츠 주 엠허스트에 본부를 두고 있는 유대교-기독교 연합인 "환경을 위한 국가 종교 연합"이 갖고 있는 생각과 부합한다. "미국 가톨릭 지부"와 "기독교 국가 회의" 그리고 "환경과 유대교 삶을 위한 연합"과 "복음 환경 연락망" 등 4단체로 이루어진 이 동반자 관계는 한 국가 안에 존재하는 서로 다른 종교 단체가 사회적, 환경적 문제를 위해 협력하는 좋은 모델이다.

종교 간 투자 협력 모델의 또 다른 중요성은 "폭포 효과"에 있다. 3iG에 속해 있는 각 교단들은 사회적 책임 투자 정책에 대한 정보를 신도들에 공고하기로 결의했다. 이는 신도들이 자신들이 속해있는 교단의 투자 방침에 대해 충분히 숙지하고 개인의 사회적 책임 투자를 이끌어낼 수 있게끔 할 것이다. 이러한 폭포 효과는 개인의 신념으로부터 비롯된 사회적 책임 투자를 완전히 새로운 단계로 이끌 것이다. 연기금이 120억 달러에 이르는 미국 감리교단을 다시 한 번 언급하자면 500에서 700만에 다다르는 신도 가정의 금융 자산의 총합이 대략 2500에서 5000억 달러에 이를 것이라는 시티그룹의 평가가 있다. 단편적인 금융가들의 시점에서도 교단이 끼칠 수 있는 잠재적 영향은 어마어마하다.

3iG 모델은 종교 세계와 현실 세계 간의 가장 인상적인 상호 작용을 보여주는 사례이다. 상대적으로 소박하지만 서로 다른 세상을 한데 묶음으로서 독자적으로 이룰 수 없는 성과를 어떻게 이끌어낼 수 있는지 살펴보자.

독수리 구하기

첫번째 사례는 인도 뭄바이에서 모습을 감추고 있는 독수리 문제이다. 페르시아에서 비롯되었기 때문에 인도 내에선 "파시"라고 일컬어지는 조로아스터교 교인들에게 망자의 시체를 처리하는 일은 매우 중요하다. 조로아스터교 교리의 중심에는 하늘, 물, 대지, 식물, 동물,

인간과 불을 포함한 "일곱 가지 관대한 창조물"들이 놓여있다. 신이 창조해낸 이 일곱 가지 창조물들 관리하는 감시자의 역할을 맡기기 위해 인간이 창조되었다고 믿는 것이다.

하지만 조로아스터 교리에 따르면 인간의 시체는 종교적으로(또 실제로도) 세상을 오염시킨다. 대지를 욕보이게 할 수 없음으로 땅에 묻을 수 없고 똑같은 이유로 화장하거나 수장할 수도 없다. 이에 조로아스터 교인들은 침묵의 탑을 세웠다. 많은 조로아스터 교인들이 살고 있는 뭄바이 시를 비롯해 인도와 이란의 수많은 도시들 중심에는 이 놀라운 구조물이 세워져있다. 망자의 시체는 바로 이 탑 위에 안치되어 독수리들에 의해 살점이 먹혀진 후 남은 뼈만이 수거된다.

문제점은 바로 여기서 비롯된다. 뭄바이엔 죽은 조로아스터 교인들의 시체를 먹을 독수리들이 더 이상 충분히 존재하지 않는다는 것이다. 이는 대기 오염과 서식지 파괴를 비롯해 역설적으로 도시가 깨끗해졌기 때문에 독수리들을 위한 먹잇감들이 줄었다는 것을 포함한 복합적인 요인에서 비롯되었다. 독수리 개체의 급감은 심각한 문제로 받아들여졌고 매우 특이한 협력관계에 의해 해결책이 마련되고 있다. 조로아스토교는 뭄바이에 위치한 "웨일즈 공 박물관"의 자연사 부문과 독수리 보존에 관심 있는 여러 국제기관들의 전문가들과 같이 맹금류 보존 및 번식 사업을 진행하고 있다. 이러한 노력은 이기적인 결과에서 그치지 않고 전 세계에 널려있는 다른 독수리 번식 사업들과 소중한 정보와 경험을 공유함으로서 썩 좋지 못한 인상을 가졌지만 생태계의 필수적인 맹금류를 보존할 수 있게끔 이바지하고 있다.

몽골의 잊혀진 경전

한편 몽골에서는 불교 단체와 정부 그리고 WWF와 세계은행과 ARC를 포함하여 옛 방식과 새로운 방식 간의 협력을 이끌어내려는 색다른 프로젝트가 진행되고 있다. 1989년 몽골의 공산체제 몰락 이후 몽골의 불교 단체는 잔혹한 박해로 가득 찼던 어둠에서 벗어날 수 있었다. 오늘날 불교는 몽골인들의 삶과 문화 그리고 민족성의 기반으로서의 역할을 되찾고 있다. 몽골은 국민들에게 적절한 삶의 질을 제공하기 위한 발전을 빠르게 이루고 있다. 하지만 지난 50여 년 간 목격한 수많은 국가들의 부적절한 발전 방식은 몽골 정부에 경고처럼 작용했고 정부는 새로운 발전 모델을 찾아나서 게 되었다. 새로운 모델을 위한 연구에는 몽골의 신성한 본질에 대한 고대 서적을 탐구하는 일도 포함되어 있다.

몇몇 기관에서 지원을 받는 간단 수도원은 고대 글자나 금언집에서 언급되는 성스러운 장소들을 모아놓은 『몽고의 성지들』이라는 책을 만들었다. 이러한 여러 금언집은 공산당에 의해 없어진 줄 알았다. 그것은 성스러운 산, 강, 언덕 이외에도 민감한 생태의 생존에 필요한 규칙들도 나열하고 있다. 이 책의 소개는 이렇다:

> 몽골의 전통 종교와 함께 일하는 이유 중 하나는 이 종교와 함께 깊은 곳에 묻혀있는 전설, 이야기 또 이름들이 자연과 올바른 관계에 대해 우리에게 많이 알려주기 때문이다. … 몽골 밖의 사람들에겐 새로운 미래를 위해 과거의 이름과 전설을 되돌아보는 것이 조금 이상하게 보일 수 있다. 그러나 몽골은 연약한 환경을 가지고 있고, 그 환경은 역사 속에서 사람들이 이름과 전설에서 이런 공간에 대한 올바르고 적당한 사용법을 새겨넣어놨기 때문에 존경받는다. 몽골에서도 급속도로 변해가는 오늘날, 21세기의 시작에서, 우리는 이런 손상되기 쉬운 대지 위를 어떻게 부드럽게 걸어 다닐지 알

아야 하고, 과거가 우리에게 그것을 알려준다.

성산의 나무를 베는 사람들에게 산의 여신이 어떻게 산사태를 불러일으키는지에 대한 전설이나, 식물을 다 잘라버린 땅에 홍수를 보내는 강의 신들에 대한 것처럼, 불교 금언집을 쓴 사람들과 그들의 샤머니즘적인 선조들은 연약한 홍수지대에서의 산림파괴와 과도방목의 나쁜 점에 대해 독실한 사람들에게 이해하기 쉽게 썼다. 이러한 정보를 가지고, 개발계획자들은 과거에서의 경고와 성서가 허락한 개발을 해도 되는 장소를 찾을 수 있었다. 이러한 모험의 성공은 아주 장기적인 관점에서만 볼 수 있었으나, 현재는 몽골의 완전한 성스러운 개발과 보전에 대한 지도가 만들어졌다. 이것은 몽골의 지속가능하고 생물학적으로 다양한 미래를 위해, 경제적인 모델로 쓰이고, 두뇌집단 연구 그리고 또 다른 현대 개발 구조에서의 용품들에서도 쓰인다.

세계은행의 회장, 제임스 울픈슨이 이 생각을 정리했다:

10년 전 공산주의가 무너진 뒤 몽골에서의 변화는 이 나라의 종교적인 전통이 나라의 강한 역사적 관점과 주체성이 나라의 재건설의 탄탄한 바탕이 되었다는 것을 보여주었다. 이 재건설은 기반시설뿐만 아니라, 물리적이고 정신적인 회복의 관계 이상이 언급되어야 한다. 이 과정은 사람들의 추억, 희망 그리고 믿음과 관련되어 있을 것이다. 재건설의 과정을 돕는 방법 중 하나는 몽고의 성지를 서류로 정리하여 대지와 자원이 쓰이는 것에 대한 길잡이로 쓰는 것이다.

5. 환경을 축복

하느님은 타오르고 있는 덤불에서부터 모세를 불렀다. "모세야, 모세야!" 그리고 그는 답하였다, "여기 제가 있습니다." 그러자 하느님은, "더는 가까이 오지 말아라! 신발을 벗어라, 네가 서있는 그 땅은 성스러운 땅이다."

- 유대 성경, 탈출기, The Torah (3: 4-5)

의도는 너를 현실로 소개하려는 거지 자연을 모방하라는 것이 아니다.
너가 무엇을 보는지 보여주려는 것이 아니라 무엇이 진실인지. …
태초의 모든 것은(인간을 포함한) 순수하지만 완벽하지 않게 만들어졌다.
그리고 태어나는 것의 주된 목적은 본인의 잠재력을 이끌어내기 위함이다.

- 아이단 수사, 아이콘 화가(Brother Aidan, icon painter)

종교는 다른 모든 인간의 단체처럼 실패한다. 처음에 발표한 목표들을 이루는데 실패하며 우상 숭배 및 이의 힘과 믿음에 관한 남용을 방지하는 데에 실패한다. 이런 방면으로는 다른 어떤 사회단체와 다를 것이 없다.

그럼에도 불구하고 종교는 지금까지 봐왔던 것처럼 살아남으며 제국보다도, 왕정보다도, 국가나 회사보다도 오랫동안 지속된다. 지속되는 와중에 신앙은 어떻게 세계와 인류가 행동하며 왜 그러는지 기본적인 진실 깨우친다.(그리고 이것이 그들의 성공요인이다.) 그리고는 영속하는 데에 성공한다.

성공의 비밀

생존하는 기술의 비밀은 무엇이며 하물며 성장이란 무엇인가? 이중 하나는 종교에서 사람들에게 필요한 것을 제공해주는 것에 있다. 종교는 가장 일반적인 것에서부터 천재지변까지 모든 것에 의미를 부여하려고 노력한다. 이러한 행동은 안락함과 도전 정신을 함께 제공하며 흥분과 휴식처를 주기도 하고 우주론 전체를 이용해 삶의 의미를 부여하기도 하며, 빠르게 기도를 올리며 그들의 시험과 다툼에 대한 고민을 이겨내는데 도움을 준다. 유명한 말로는 그들은 공물에 가까이 갈 수 있는 소수의 선택받은 사람들에 관한 총괄적인 모습들도 제공한다.

이것은 지금보다 100년 전에 더 잘 이해가 되었었다. 영국, 독일, 이탈리아, 러시아 그리고 멕시코. 예시를 들자면 사회 운동가들은 늘 성당의 권력을 선망하는 동시에 두려워하였다. 그들은 간혹 교회에 반대하는 신앙 시스템을 제공하여 이를 이겨내려 하였으며 그 이름은 "노동 교회" 혹은 "과학의 전당"이었다. 이곳에서 동력, 기술, 음악, 교리, 수업, 예배의식, 심지어 성당에서 만든 축제들도 모방하였지만 사회주의자의 사상을 담았다. 그들은 사회주의가 새로운 믿음이 되기를 바라였다. 그들은 실패했다. 다름이 아니라 사람은 떡으로만 살 수 없던 것이었다. 이상만으로도 불가능했다. 우리들은 우리 주변과 사랑하는 사람에 관해 각각 이야기와 전설 그리고 신앙이 그물처럼 이어지고 있다. 그리고 이 이야기들은 우리 삶의 원동력이다.

우화의 중요성

3장에서 보여준 바와 같이, 모든 종교는 그들의 의미와 정신을 이야기로 전한다. 여기서 난 어떻게 이러한 기술이 자연과 사회 발전에 관한 의미를 전달하게 연장하는지를 보여주려고 한다.

잠시 동안 너는 너 자신에 관한 이야기를 어떻게 전달하는지 생각해 보아라. 많고 많았던 삶의 사건들 중에서 넌 분명 네다섯 개의 이야기를 선택할 것이며 이들은 누가 넌 무엇을 하며 그것을 왜하는 지 설명하는 이야기일 것이다. 간단하게 "결혼했습니다", "엄마입니다", "전 X기업에서 일을 합니다", "전 거친 삶을 살아왔습니다"까지 이 이야기들은 넓고 불확실한 세계에서 이해를 돕기 위해 제공되며 질문한 사람에게 합당한 답을 주기 위함이다. 너는 너의 인간관계에 관한 이야기를 가지고 있을 것이며 너의 자식과 친구들은 어떤 사람들인지 그리고 힘들었던 일들과 그것들을 어떻게 견뎌냈는지에 관한 이야기도 있을 것이다. 또한 다른 이들에게는 절대로 말하고 싶지는 않지만 자신한테는 늘 되새기는 이야기도 있을 것이다.

지금 이 책을 읽고 있다는 사실만으로도 분명 넌 환경보전이나 종교 혹은 둘 다에 관한 관심이 있기 때문이다. 만약 누가 너를 인터뷰하는 데 "누가 혹은 어떤 경험이 당신의 관심분야에 이르게 했나"를 묻는다면? 내 직업상 난 대중에게는 "종교적"으로 알려졌기 때문에 사람들은 왜 무엇을 했는지 말하지 어떻게 그것을 하는지 만은 말하지 않는다. 이것은 종교와 보호에 관한 연방을 진행하면서 느끼는 여러 즐거움 중 하나이다. 물론 난 주로 이것 때문에 가능하다고 생각한다. 하지만 내가 하는 것은 그저 아무나 말하고 싶어 하는 것에 관한 변명만 제공해주는 것뿐이다. 너의 단체는 전문가를 이해하기 위해 자신을 떠올리는 공간이 있는가? 이야기들을 위한 공간은 있는가?

전문적인 용어, 이력서, 프로필 등 사이에 진실이 있다. 사실과 근거들이 우리를 끌어들이지는 않았다. 더 개인적이며 복잡하고 다양한, 이야기로서 더 설명이 가능한 이유들 때문이다. 우리가 세계를 이야기들로 인해 이해한다는 전제하에 사람들이 얼마나 환경적 사회적 운동에서 건조한 통계와 근거들에 더 기대며 이야기들에 기대지 않는 것에 놀란다. 이것은 우리들로 하여금 행동들의 주된 목적을 놓치게 하며 최악의 경우 우리가 찾고자 하는 모든 걸 파괴할 수 있다.

극단적인 예시로 세계의 신비한 나무(Remarkable Trees of the World)의 저자이자 환경운동가인 페이큰함(Thomas Pakenham)의 이야기를 들어보자. 그는 특정 나무가 세계에서 가장 오래 되었다고 증명하고 싶어 하는 유타의 대학 연구자에 관하여 얘기한다. 그래서 그 연구자는 국립공원서비스 관리자로부터 나이테를 읽기 위해 나무의 중앙을 파내는 특별한 드릴의 사용을 허가받았다. 그러나 그 드릴이 나무에 박혔다. 소중한 드릴을 되찾기 위해 초조해진 연구자는 나무를 베어내리는 데에 허락을 받았다. 그리고 나무가 쓰러진 후 드릴을 되찾은 연구자는 자기가 옳았다는 것을 깨닫는다. 그 나무는 4,900살 넘게 살았던 것이며 어쩌면 전 세계에서 가장 오랫동안 생존한 생물이었다. 혹은 그랬었다.

그러나 과연 그 연구자에게 어떤 좋은 일이 일어났는가? 요점은 연구자는 이야기가 필요했으며 그리고 이것이 사실이기 위해서 그는 딱히 기네스 기록이 담긴 책이 필요하지 않았다. 만약 그 연구자가 주변 사람들에게서 구전되어온 동화나 고대 나무에 관한 이야기를 구했다면 그 나무를 더 살 수 있게 하며 나이테도 읽히지 않은 체 천년은 더 살았을 것이다.

아직 이야기들은 사람들로 하여금 행동을 바뀌게 한다. 지금 설명한 유타의 연구자 이야기는 우리가 되고 싶지 않은 사람의 표본을 보여주며 행동을 바꾸도록 도와준다. 그리고 여기서 위대한 종교로부터 배울 수 있다. 종교들은 전통 이야기들을 말하고 기억하며 더 설득적이고 자연을 지키는 데에 긍정적이게 되며 사람들에게 어떤 행동이 옳으며 어떤 행동들이 자연 자원들에 관한 책임감 있는 행동인지 추천해준다. 여기 두 이야기는 이야기의 중요성을 보여준다.

무하마드와 강

어느 날, 하디스(Hadith: 예언자 무하마드의 말과 행동을 담은 전통 책)에 따르면 예언자는 그의 제자들과 한 마을에서 다른 마을로 이동 중이었다. 그들은 강을 건너다가 기도를 드려야 되는 시간이 되었다. 자연스럽게 그들은 강물을 이용하여 기도 전 목욕을 하였다. 그러나 제자들은 예언자가 작은 그릇을 가지고 강으로 들어가는 것을 보고 경악을 금하지 못하였다. 그는 이 그릇에 물을 채워서 그 물로만 목욕을 하였다. 왜 그렇게 강의 모든 물을 사이에 두고 그렇게 물을 조금 사용하였냐고 제자들이 묻자 그는 이 풍족함은 우리에게 낭비할 이유가 아니며 필요 이상으로 사용할 이유도 되지 않는다 하였다.[2]

이것은 이슬람 종교인들이 우리가 얼마나 자연을 존중해야하는지 경각심을 갖게 하기 위해 들려주는 가장 강력한 이야기들 중 하나이다. 그리고 현재까지 이슬람 선생님들과 지도자들은 사람들에게 자원

2. Ibn Maja, Sunan Ibn Maja, ed. F.'Abd al-Baqi (Turkey, 1972), 1, 146. 이 이슬람교 이야기는 힌두교에서도 들린다. "이 우주 안에 있는 모든 생물 혹은 무생물은 오직 주님만이 조종하며 소유한다. 따라서 누구든 그저 필요한 만큼만 허용하며 소유주가 누구인지 기억하며 더 낭비해서는 안 된다." Sri Isopanshad, Mantra 1에서.

을 낭비하지 말라고 설득하기 위해 이 설화를 이용한다. 간혹 신앙이 깊은 환경주의자들이 일을 할 때도 주변 사람들에게 다들 아는 이 이야기를 다시 일깨워주면서 일을 시작한다.

크리슈나와 독사

비슷하게 인도에서 크리슈나와 사악한 독사에 관한 설화가 통계자료도 시행하지 못했던 강의 환경 발전 사업을 시작하는데 도움을 주었다.

고대 전설에 따르면 옛날 옛적에 사악한 독사가 인도의 중앙을 가르며 갠지스 강에 이르는 성스러운 야무나 강에 서식했다. 독사의 악한 기운이 강물 따라있는 작물들을 더럽혔으며 그의 오염된 몸은 강도 함께 오염시키며 모든 생명에 치명상을 입혔다. 사람들은 주저앉기 시작했고 강의 생물들은 울며 뛰쳐나왔고 결국 그들의 절규는 크리슈나의 귀까지 들리게 되었다. 그는 강으로 뛰어들었으며 독사와 3일 동안 치열한 전투 끝에 독사를 죽이고 강과 사람들을 독사의 영향으로부터 벗어나게 해주었다.

1990년대에 야무나 강은 매우 위험한 지경까지 오염되었었다. 힌두교 집단들은 이 전설을 발견하였고 인근 주민들한테 이 이야기를 이용하여 주의를 끌 수 있었다. 그들은 이 오염은 사악한 독사가 더 악랄해져서 돌아왔기 때문이라고 설득했다.

지금 크리슈나는 주민들이 그의 손이 되어 독사와의 전쟁에 맞서 싸워야 한다고 힌두 집단이 발표했다. 그리고 사람들이 모두 협력하여 성스러운 강의 오염을 없애야 한다고 했다. 그리고 다시 한 번 크리슈나의 이 특정한 전설 덕분에 이러한 현실적 문제들을 타파할 수 있었다.

이미지와 아름다움의 중요성

위대한 종교들의 또 다른 능력은 예술의 역할을 이해할 줄 안다는 것이다. 그들은 예술을 사치가 아닌 필수품이라 생각하며 말로써 설명하기 힘든 생각과 행동을 이해시키기 위한 도구로써 사용한다. 모든 위대한 신앙은 예술로써 자신을 설명할뿐더러 이의 영광에 관해서도 보여준다. 이슬람교에서도 우상숭배처럼 될 수 있다고 땅위의 어떤 생물의 그림이나 모방도 금하지만 가장 아름다운 건축물들을 만들며 기하학적 구조를 하나의 성스러운 구조로 받들려서 단결성을 상징한다.

사랑스러운 것을 만들고 소중히 여기며, 가장 대단한 전문가들의 기대를 받으며, 제일 좋은 재료들과 가장 열렬한 사랑을 받는 것은 사람의 영혼이 성취할 수 있다는 증거다. 이것이 요즘 특히 서양에서 다양한 낮은 레벨의 실용주의가 많은 단체를 손에 쥐며 가난한 자와 갖지 못한 자들을 위해 건축을 디자인 하는 게 문제시 되는 이유이다. 왜 이러한 사람들은 아름다운 곳을 경험하며 가지지 못하는 것인가? 당연히 그들이 가장 필요한 사람들일 것이다.

여기 방글라데시의 천주교 봉사자한테 들은 아름다움에 관한 강력한 이야기가 있다. 그는 홍수 때문에 심한 피해를 본 마을, 다카에서 근처에 사는 한 가족을 알고 있었다. 그 가족들은 아무것도 남지 않았고 다섯 자식들 중 몇몇은 병에 걸렸었다. 아버지는 국제 기부단체에서 보조금을 받았지만 기부단체 직원들은 그 가족 전원이 동네 극장에서 나오는 모습을 보고 경악했다. 그들은 가족의 아버지에게 다가가 왜 그 돈으로 음식이나 옷 또는 다른 필수품을 구입하지 않았으며 왜 이렇게 낭비해 버렸냐고 추궁하였다. 그는 그의 가족은 절대로 충분히 먹거나 깨끗한 옷을 모두 입거나 하지 못할 것이며 결국 계속 끙끙대며 살게 될 것을 알고 있다고 답변하였다. 그러나 영광스러운 한 오후에 그들은 그 모든 것을 떨쳐버리고 로맨스와 색감, 일탈과 모험을 즐길 수 있었다고 하였다. 그리고 그들이 배고픔을 느껴도 영혼을 배불리 하겠다고 답변했다.

위대한 종교들은 이미 예전에 아름다움은 사치가 아닌 인류와 신의 축하를 위한 필수품이라고 깨달았다. 따라서 단체들이 재구성하여서 일어설 때 가장 먼저 찾는 일이 아름다운 것을 찾는 것이다. 왜냐하면 이러한 물품들이 순수주의자들이 모두 담기엔 넓으며 형식주의자들이 담기엔 너무 흥분되는 신앙으로 인한 세계의 전망의 증거를 담고 있다.

그러나 이러한 신앙에서의 아름다움의 미래는 이제야 많은 단체들이 높이 사기 시작했을 뿐이다. 예를 들어서 스위스 개발협력처(Swiss Agency for Development and Cooperation: SDC)는 몇 년간 세계의 기예(Art for the World)의 후원자였다. 단체의 임원 왈터 푸스트(Walter Fust)는 다음과 같이 설명했다:

> 지난 5년간 SDC는 Art for the World의 3개의 전시전을 후원해주었다. 이러한 점은 몇몇을 놀라게 하였고 SDC는 본래 가난에 힘들어 기본 필수품도 갖추지 못한 이들을 돕기 위한 단체가 아니냐고 묻게 만든다. 단적인 예시로 깨끗한 물을 마시는 것이 조각이나 그림보다 더 중요하지 않느냐는 것이다.

> 질문들은 모두 정당하다. 남쪽의 파트너들은 인류는 빵만으로는 살 수 없다고 답변을 할 것이다. 세계은행에서 많은 연구를 통해 보여준 것처럼 심지어 빈곤한 나라들도 문화는 사치가 아닌 것이다. 오히려 대부분 삶의 중심이다.
> 세계의 기예에서 나를 가장 놀랍게 하는 것은 엘리트주의와 사회적 참여를 잘 조절하는 데에 성공한 것이다. 몇 년간 세계의 기예는 우리 SDC에서도 높게 평가하는 가치들을 세웠다: 문화와 인내심 그리고 결속에 관한 작품들.[3]

SDC와는 다른 좀 더 순수한 세계의 많은 발전 단체들은 그들만이 생각하는 방식으로 세계를 발전 시키려한다. 그러다보니 아름다움과, 설화, 그리고 즐거움은 주목받지가 못한다. 그래도 이들과 같이 일하는 것은 흥미롭고 건설적이며 최종적으로 효과적일 수 있다. 만약에 우리가 이 세계가 아름다움과 동시에 실용적이라는 것을 깨닫지 못하면 왜 우리는 굳이 당장 우리한테 필요하지 않은 것을 보존하려 애쓸 필요가 있겠는가?

나는 믿음을 예술로 표현한 두 신앙을 예시로 보여주겠다. 첫번째는 동방 정교회이며 이들은 도상연구에 강력한 역할을 보여 주었다.

정교의 아이콘

정교회는 천국, 돌, 황야, 별 그리고 인류와 같은 다양한 형태의 창조물들은 그들의 조물주를 위한 특별한 역할이 있다고 말한다. 이것은 베스퍼즈(Vespers) 찬송가를 통해 강력하게 보여준다. 이 찬송가는 주로 크리스마스 날 저녁에 부르며 동정 마리아가 예수를 동굴에서

---

3. Art for the World (Geneva : Art for the World, 2001), 15.

낳은 것을 묘사하며 정교회가 설명하는 예수의 탄생[4]을 설명하며 모든 자연의 원소와 인간 세계가 하느님의 화신에게 공물을 주는 장면을 묘사한다.

무엇을 바치오리까 오 그리스도여
우리 눈엔 사람으로서 이 땅을 밟으신,
당신의 모든 창조물은 모두 감사가 필요하며
천사들은 그들을 향해 찬송가를 부르네
천국이, 별들이,
동방 박사들이, 그들의 선물들이,
양치기들이, 그들의 환상이,
지구가, 동굴이,
황야가, 여물통이,
이 모든 것을 동정 마리아께 바치니
오 전능한 주여 우리에게 자비를 주소서

동방 정교회는 다양함의 표본으로서 우리들의 역할을 지구를 지키는 것과 각자의 힘과 능력을 바치는 것으로 뻗어나갔다. 정치가, 과학자, 리더, 기자, 학생, 노동자, 부모까지 모두 각각의 중요한 역할이 있으며 다른 누구도 그들의 역할을 그들만큼 수행해 낼 수 없다.

1990년대 중반부터 콘스탄티노플 정교회의 원로 바를톨로뮤 1세는 이 모델을 예시로 삼아서 보존에 관한 다양한 세미나들을 만들고 진행했었다. 이러한 전례 없던 미팅들은 정치적 지도자들과 과학자들, 미디어, 종교적 지도자들 등 모두를 뭉치게끔 만들어서 수질 오염에 관한 핵심 문제들을 논의하게 만들었다. 남녀 모두 모여서 토의하고

4. 성서가 아닌 2세기 문자를 담은 "제임스의 책(The Book of James)"에 따르면 마리아와 요셉은 베들레헴에서 8마일 밖에서 마리아가 애기를 낳을 때가 된 것을 깨달았다. 그녀를 어느 산의 동굴로 인도했고 요셉은 서둘러 베들레헴으로 가서 조산사를 찾았다. 그러나 그가 돌아왔을 때는 예수가 벌써 태어난 후였다.

계획하고 생각하고 반영하고 강의하며 기도하면서 다양한 참가자들로 다양성의 축제와 인생을 바꿀만한 경험을 가져다주었다.

우리들의 자리와 역할의 미래가 조종을 하기보다는 아울러 허용하기보다는 다원주의를 환영하며 모두가 같은 생각만 가지게 하는 것을 막았다. 이 모델은 하느님의 아름다움은 이런 물건들을 통해서 존중할 수 있다는 교회의 가르침을 정교회의 그림을 통해서 담겨져 있다.[5] 영국의 상 화가 아이단 수사가 설명하길, "의도는 당신을 현실로 인도하기 위함이지 자연을 모방함에 있지 않습니다. 당신이 보는 것을 보여주려는 것이 아니라 현실을 직시하게 하려는 거지요."

따라서 성자들의 모습은 주로 테두리 밖으로 나가며 진짜 한계는 없다는 것을 말하며 건축물들은 희한한 형태를 취한다. 이 사진에서 좌우상하에서 다 보이는 것처럼 하느님도 모든 걸 한눈에 본다는 것을 설명한다. 오커와 청금석 그리고 공작석과 같이 자연 색소들만 사용하여 예술 작품으로 아름다움을 표현한 것은 인류를 포함해 모든 창조물은 순수하지만 완벽하지 않게 만들어졌기에 살아있는 것은 그들의 진짜 잠재력을 성취하기 위함이라는 정교회의 가르침을 간단하게 표현해준다.[6]

아이콘은 보존에 관한 움직임은 보존의 투입과 단체의 풍요함과 다양성을 보여주는 강력한 모델을 만든다. 상을 만드는 것처럼 다양한 그룹과 흥미 신앙을 하나의 동반자 관계로 묶친다고 상상해 보아라. 이 상은 모두에게 좀 더 협력할 수 있으며 자신다워질 기회를 제공해준다. 이것은 도전적이지만 또한 성취 가능한 상이다.

---

5. "나의 구원이 이루어지지 않는 한, 물질을 섬기는 것을 난 그만두지 않을 것이다..." (St. John of Damascus, On Holy Images, 1.16)
6. Victoria Finlay, Colour: Travels through the Paintbox (London: Sceptre, 2002), 25-26

그림 1. 크리스찬 아이콘 : 성 차라람픕(Charalampuf)

19세기 말 성 차라람픕의 상은 자신이 하느님과 그리스도에게 목격된 하나의 장면을 보여주고 있다.

불교의 만다라

다원주의와 동반자 관계를 종교가 예술로써 표현한 것으로는 불교의 만다라가 있다. 이 그림들은 불교적 사고를 내제한 인간의 사고방식을 기본으로 하여 현실을 보여준다. 이들은 너를 끌어들이고 겹겹마다 그림들 밖에서부터 우리가 어디에 서있는지 보여주며 불교적 자연 혹은 현실을 그림의 중앙에서 보여준다.

가는 동안 너는 다양한 세계와 감각에서부터 초현실적 공허함의 중앙의 의미를 겹겹이 여행한다. 이 여행에서 넌 우리를 둘러싼 다채로운 단계의 의미, 현존, 목적 그리고 의도에 관해서 마주하게 된다. 그리고 우리는 여기서 여행하는 것을 멈추지 않는다. 그들은 마치 피부가 겹겹이 쌓인 것처럼 단단히 우리랑 연결되어있어서 잘 보이지는 않는다. 만다라는 그림으로 정식적인 이 여행을 통해 우리를 둘러싼 겹들을 하나 씩 벗겨내면서 만물의 심장에 다다르게 하는 것이다.

아이콘과 만다라는 두 개의 위대한 문화를 우리의 감각으로 보이는 세계와 안 보이는 세계를 통합하여서 제공해주었다. 비록 전 세계적으로 서양에서부터 우리는 어떻게 물질들을 상징적으로 보는 것을 망각하고 있다. 왜냐하면 이러한 모델과 이미지들이 파이 차트나 다이어그램들 보다 더 도움이 되기 때문이다.

과거에는 이야기와 비전이 아름다움과 정의에 관해서 부딪칠 때 문제가 있었다. 종교는 자신들의 신앙에서 나오는 미래의 비전들이 언제나 유일한 사실 혹은 가장 적합한 것이라고 하면서 보통 이런 문제에 앞장섰다. 여기서 중요한 점은 우리가 종교인이든 무교인이든 세계를 다양한 관점에서 바라봐야 한다는 점이다. 현재 우리는 오직

그림 2. 티베트 만다라: 의학용 식물들

관찰자는 부처가 있는 만다라의 중심으로 집중하게 된다.
외부 겹들은 감각적 세계를 나타내며 의학용 식물들로 이루어져 있다.

조각 밖에 보지를 못하며 이 비전의 조각을 사실이라 믿으며 보호하고 다른 이들의 비전과 연관성을 찾는 데 힘겨움을 느낀다.

조용하고 특별한 장소들

위대한 종교들의 또 다른 "비밀"은 그들은 고요하거나 최소한 특별한 장소를 단체가 지켜볼 수 있는 곳에서 제공할 수 있는 능력이 있다는 것이다. 간단하게 신도 정원이나 마을의 교회경내, 거대한 모스크 혹은 이웃 유대교 회당이나 불교 신사를 생각해 보아라. 많은 종교들은 그들만의 전통적 안식처가 이러한 고요한 장소에 있으며 대부분의 성공한 종교들과 보존 프로젝트들은 이 장소들의 힘을 깨닫고 더 퍼트리려고 노력한다.

이들은 예를 들어서 3장에서 언급했던 살아있는 교회경내들을 포함하며 6,000개의 영국 성당들이 그들의 묘지에 자연이 넘쳐나도록 보호계획을 발전했다. 잡초를 베지 않고 기념물들이 자연스럽게 부식하는 것을 방치고 박쥐 상자, 새둥지, 그리고 습지와 같은 시설들을 제공하면서 성당은 아름다운 생태계를 다양하고 넓은 범위의 야생 생물들을 위해 제공하였다. 몇몇 살아있는 교회경내에서는 이러한 제도가 들어서면서 야생 생물들이 얼마나 증가했는지에 관한 표도 같이 있다. 여기서 교회를 다니지 않는 사람들을 포함한 지역 단체들은 변화를 가져올 수 있다. 많은 교회들은 교회 내 초등학교가 있으며 이들은 교회경내에 중요한 역할을 해주며 학생들뿐만 아니라 그들의 부모들 까지도 이곳의 야생 생물의 중요성과 늘 늘어나는 위협에 둘러 쌓여있다는 것을 배운다.

남서 중국의 윤난 지방에는 디안치라는 호수가 있는데 이곳은 자연 보호가들 한테 민물의 생물다양성의 "주요장소"로 지정되어있다. 1950년대에는 24종의 토착 어종들이 있다고 기록되었으며 최소 11종은 고유종이었으며 12종은 고유 연체, 갑각류 종들이었다. 하지만 그 이후부터 그들은 계속 위협받기 시작했다. 부분적으로는 높은 농도의 인과 질소, 그리고 30종의 새롭게 들어온 어종들 때문에 수질이 떨어졌고 부분적으로는 새로운 질병들과 기생충들이 생겨나면서 문제가 가중되었다. 1994년에 도달했을 때는 고유종은 7종밖에 없었으며 토착 어종은 5종밖에 남지 않은 것으로 확인되었다.

악화는 계속 될 수 있었지만 지역 불교 신전 덕분에 막을 수 있었다. 고유 어종 중 가장 희귀한 네 종[7]들은 신전에서 제공한 무의식 안식처 덕분에 생존할 수 있었다. 신전 근방의 성스러운 호수, 흑룡못, 청룡못 그리고 용못에서는 물이 늘 깨끗하게 유지되었으며 낚시가 금지되어 있었다. 따라서 이러한 희귀종들이 생존할 수 있었다. 심지어 신전에서는 능동적 보존방식을 몇 십년간 진행해 왔으며 그들의 생태계 안에서 이러한 생물의 생존을 가능케 하였다.

지난 몇 년간 지방청, 주청 그리고 국제 정부기관에서는 윤난 자연 프로젝트를 세계은행[8]과 ARC와 같은 다양한 국제기관들 그리고 가장 중요하게 지역의 중국 불교회의 힘을 합쳐 진행했다. 불교인들의 역사적이지만 능동적인 호수의 보호자로서의 역할들이 이제야 인정되었다. 그보다 더 이제야 불교인들도 그들이 무엇을 했는지 깨닫고 자신들이 수동적으로 하던 보호활동을 좀 더 적극적으로 보호와 교육에 관한 프로그램도 구성했다. 그리고 이 호수는 이제 이곳에서만 발견되는 토착종들이 늘어나기 시작했다.

이것은 중국의 종교적 지역의 내재된 역할의 예이며 불교인들이

---

7. Sinocyclocheilus grahami grahami, Schizothorax grahami, Discogobio yunnanensis, 그리고 Yunnanilus pleurotaenia
8. 이 프로젝트는 주요 World Bank를 이용한다. 많은 돈을 들이 이 계획에서 호수의 수질관리와 그들의 사회기반시설, 규칙 그리고 규제에 생태다양성도 넣으면서 자연 생태계를 복원하려 하며 넓은 범위의 제한된 토착종들을 최대한 많이 보호하기 위한 활동들도 진행하고 있다.

굳이 생각하지 못했던 세속적 기관과의 관계를 발전했다. 다른 지방에 있는 중국 불교 단체에서도 이런 보호를 위한 의사전달을 중요하게 받아들였다.

선교사와 순례자

세계은행, WWF 그리고 UN과 같은 대다수의 세속적 기관들은 직원들이 "임무"를 수행하러 간다고 하거나 그들의 규칙을 "강령"이라고 한다. 이것은 전혀 새로운 일이 아니다. 그러나 이렇게 함으로써 기업들은 종교의 가장 큰 실수 중 하나를 영속시키는 것에 불구하다. 믿음들이, 그들이 직접 바꾸려고 하는 것이다. 사실상 큰 종교들의 창시자들은 모두 영혼적 삶을 여행이나 순례라고 한다. 이 모델은 믿음의 큰 틀을 구성하고 순례는 모든 세계 종교들의 심장이 되었다. 이슬람의 하지를 생각해 보거라. 모든 이슬람교 사람들은 하지가 가능하면 다 무조건적으로 생애에 최소한 한 번은 겪어야 한다. 모두가 똑같이 입고 똑같이 걸음으로써 모두가 신 앞에서는 평등하다는 것을 나타낸다. 또는 그리스도교를 보아라. 고대에 그들의 중심에는 순례가 있었다. 성당에서는 모든 나라를 성스럽다고 여기면서 굳이 예루살렘까지 가지 않게 하였다. 예를 들어 넌 Santiago de Compostela, Canterbury 혹은 멕시코의 Our Lady of Guadalupe 성지에 대신 가도 된다.

많은 종교들은 이러한 겸손하게 여행을 하는 전통과 선교를 하면서 자신을 되돌아보며 새로운 사람이 되는 위대한 임무를 발령하는 전통도 잊기 시작했다. 하지만 이러한 모델은 점점 주요 종교단체에서 돌아오는 여행자들과 순례자 그리고 개인 증인들이 종교의 힘을 발견하면서 거부되었다.

만약 환경 운동, 발전 단체, 그리고 국제기관과 같이 세속적 세계의 새로운 선교적 움직임이 임무가 아닌 순례라고 말을 한다면 어떨까? 만약 직원들이 다른 나라까지 겸손히 걸으면서 순례자들이 받는 전통적인 접대를 받는다면 어떨까? 얼마나 많은 정신적 변화를 가져오며 어떤 사람들이 그러한 나라의 국민들의 롤 모델이 될지 궁금하다.

ARC에서 그들의 성스러운 땅 프로그램(Sacred Land Program)에서는 주요 종교들의 경험을 합쳐서 일곱 단계의 순례를 만들었다. 이것은 그저 아이디어이지 규칙이 아니며 그저 여행이 이렇게 쉽게 순례가 될 수 있음을 보이기 위함이다.

첫번째 단계에서는 A에서 B로 움직이기보다는 순례자가 될 것인지를 고민한다. 두번째 단계에서는 여행은 자신만의 독립적인 것이며 허용된다면 자신들의 삶을 알아서 책임짐을 깨닫는 것이다. 이들은 그저 끝을 맺기 위한 수단이 아닌 것이다. 세번째 단계에서는 누구와 여행하는지 자각하며 왜 같이 있고 각각 무엇을 가져오는 지 나아가서 다툼이 일어나면 솔직해 질 수 있는 것이다. 네번째는 왜 자신이 거기로 오게 되었는지를 이해하며 자신의 이야기를 되돌아보는 것이다. 다섯번째로는 관찰자로서의 역할을 마치고 경관의 일부분이 되면서 타인의 이야기의 일부가 되는 것이다.

여섯번째 단계에서는 무엇을 넘겨 지나가는지 확실히 눈여겨보는 것이며 일곱번째, 즉 마지막 단계는 처음 출발했을 때와 다른 사람이 되어서 여행을 마치는 것을 확인하는 것이다. 만약 모든 기업 모임과 출장과 모든 과업이 이러한 생각을 수용한다면 그들은 더욱 효과적이고 즐겁게 일을 할 것이다.

순환과 축제들

Ramadan/Eid, Lent/Easter, Panse/Wesak, Rosh Hashanah/Yom Kippur, Ashwin/Divali...... 모든 종교들은 자기반성 다음에 이어지는 축제의 순환을 가진다. 단편적으로 주로 금식 다음에는 만찬이 있다. 주요 종교들은 사람들이 매해 잘 지낼 수 있도록 이 연간 순환을 잘 계획했으며 하루하루의 지루함을 자연 계절의 변화함과 같이 축하할 수 있게 도와준다. 그들은 사람들을 언제나 참회하고 금식하며 반성을 하게 할 수는 없다는 것을 잘 알고 있다. 그들도 사람들이 좋은 시간을 갖도록 해야 되는 것을 자각하고 있다. 그렇지 않으면 다 무슨 소용이겠는가?

이것은 신앙이 세속적 세계와 신봉자들에게 가장 중요한 통찰력 중 하나를 가져다 준다는 것을 증명하였다. 많은 비국가적 단체, 기관들, 그리고 다른 유명한 단체에서는 늘 세계의 우울한 모습을 보여주며 충격요법으로 열정과 회개를 가져다 줄 것을 희망한다. 그들은 주로 그러지 않다. 이제 우리는 "열정 피로"라는 새로운 이론과 대면하게 된다. 또한 신앙은 인간의 결점과 인간 사회의 결핍에 관해서 힘든 말을 한다. 그들은 인간의 파괴적 행동으로부터의 회개, 변화, 구원 그리고 자유에 관해서 말한다. 하지만 그들도 어떻게 좋은 시간을 보내야 되는지도 알고 있다.

미래 삶의 환상을 보여주지 않는 이상 그 누가 굳이 변화하려 하겠는가? 전 세계적으로 환경적, 발전적 일에 종교가 개입하는 일이 사람의 동기부여를 이해하는 데에 도움을 주었다. 좋은 것에 관한 축제, 격려, 세계가 발전하고 있다는 사실로 흥미를 구하는 것이 매우 인기를 끌은 것을 발견했다. 종교뿐만이 아니라 다른 대중 단체에서도 그러하였다.

예를 들어서, 미국의 환경안식일은 주말내 내 이슬람교, 유대교, 그리스도교의 축제로 기도, 음악, 액션, 설교, 드라마 그리고 침묵을 가진다. 작년의 성취를 축하하며 이듬해 할 도전들을 가다듬는다. 결과적으로 대중의 생태학을 위한 결심이 커지며 현 기독교의 원로는 지도권을 다른 정교회 성당의 지도자에게 넘기면서 9월 1일은 1993년부터 모든 정교회 성단 단체에게는 기도와 액션의 날이며 특별한 봉사와 찬송가 그리고 음악을 하였다.

한 달 동안 지속되는 라마단 금식기간에는 몇 십년간 이슬람교 사람들에게는 자신과 신의 관계에 관해 되돌아보는 시간이었다. 그러므로 자연적으로 그때는 외부적으로 큰 환경적 메시지를 전달하며 동시대와 고대의 중요성을 바라보게 한다. 인도네시아에서는 세계은행과 ARC의 합동 프로젝트로 이슬람교 학자들과 단체 지도자들이 라마단의 기간 동안 날마다 특별한 명상시간을 만들며 이때에 동시대 환경적 정보와 전토 이슬람 문자들 그리고 환경을 지키기 위해 특정 행동들을 제안한다. 라마단이 끝나면 땅의 영광스러운 축제가 이어지며 신의 풍요와 환상을 축하한다. 얼마나 환경적 반성에 적합한 끝맺음이지 않은가?

새로운 사상들은 언제나 축제의 힘을 알고는 있었지만 성공적으로 효과적으로 쓰이는 일은 별로 없었다. 18세기 말에 프랑스 대혁명은 세속적 세계를 위한 새로운 축제로 가득 채운 새 달력을 만들었다. 달력도 이러한 축제들도 10년도 지속되지 못하였다. 1980년대 말에는 다양한 환경 단체들이 연간 지구의 날을 만들려 하였지만, 아직 완전히 받아들여지지 않았으며 그 이유는 축제의 큰 의미가 딱히 없었기 때문이다.

축제가 성공적이려면 좀 더 깊은 것에 접목시켜야 하며 축제로 이어지는 준비 기간이 있어야 한다. 축제의 가장 좋은 점은 바로 옛 축제들을 되새기며 기억할 수 있다는 것이다. 부활절과 같은 경우 봄이 다가오면서 새로운 생명이 자라나는 것을 축하하는 전통에서 시작했으며 그리스도교에서도 몇 천 년 전부터 시작되었다. 심지어 부활절은 영어로 "Easter"인데 이것은 고대 켈틱 족의 여신 에오스터(Eostre)의 부활을 축하하는 제사에서 왔다고 한다.

이러한 문제들의 흥미로운 이야기로 영국의 밀레니엄 축제가 있다. 두 개의 다른 사업이 다른 세계와 가치를 매우 재미난 방법으로 보여주었다.

정부에서는 2000년을 기리기 위해 그동안 있었던 다양한 행사와 사건들을 담은 전시전과 이외에도 시간 역사 그리고 미래에 관한 유명한 전시전을 담은 거대한 실내관을 그린위치 메리디안에 건설하려했다. 비용은 10억 파운드에 가까이 되며 당시 이 돈이면 5개의 새로운 병원을 지을 수 있을 정도였다. 기대한 관중은 나타나지 않았으며 2000년을 기리는 기념물은 단명하며 당시의 빠르게 지나치는 현실을 보여주는 강력한 예시가 되어버렸다.

또 다른 예시로는 영국의 가장 성공적인 밀레니엄 프로젝트였다. 그리고 이것은 다음 밀레니엄 때에도 볼 수 있어야 한다. 1999년 영국보전협회(UK Conservation Foundation)는 예수 그리스도가 있을 때부터 자랐던 주목을 가지를 베면서 축제를 하자고 제시하였다. 그리스도가 태어날 때부터 우리는 달력을 다시 시작했기에 더욱 의미가 있는 행사였다. 이러한 나무들은 영국에 많이 널리 퍼져있었으며 대부분은 교회경내에 많이 있었다. 그들은 수백 곳의 성당들이 이 행사에 참여하며 주목의 묘목을 선물로 받으며 밀레니엄을 기리자고 하였다. 하지만 결국 8천개의 묘목들을 최대한 많은 성당과 관중들에게 뿌리면서 기대한 것보다 나아가서 많은 교회에서 이 작은 식물들에 축성도 내려주었다. 천년이 또 지나면 아마 20개의 주목만이 잘하면 생존했을 것이다. 그리고 백년 후에는 대부분의 이 나무들은 집이나 생태계를 주변 종들에게 제공해주며 주변 사람들에게 자연과 성스러움의 상징으로 기억되며 프로젝트는 성공으로 기념될 것이다.

밀레니엄 돔의 버려진 껍질과 영국내로 퍼진 몇 천개의 새로운 주목들은 정부가 시민에게 좋다고 생각하는 축제와 남들과 나눌 수 있는 이야기를 만들었을 때의 차이를 확실히 보여주었다. 하나는 말 그대로 뿌리도 없는 계획이었으며 진짜 축제의 의미, 예수의 탄생을 말하는 것에 두려워했다. 이와 반대로 다른 하나는 고대 영국의 가장 강력하고 성스러운 나무를 정하여 그것으로 축제를 하자고 하였다.

난 책의 첫 부분에 보여준 이미지로 돌아가게 된다. 한 전도자가 세계의 종말이 왔다는 놀랍고도 무서운 소식을 듣고 땀을 흘리며 뛰어가며, 한 평온한 정원사는 그의 말을 귀 기울여 들으며 진실을 찾으러 가기 전에 묘목을 심는 그림이다. 국제단체, 환경 압력 단체 그리고 정부는, 이들의 다양한 3, 5, 혹은 10년 계획과 함께, 바로 메신저 같은 것이다. 종교에서 주는 교훈은, 이 연락자들이 말하는 것이 사실이더라도, 결국엔 나무를 끝까지 심는 것이 더 나을 것이라는 것이다.

왜냐하면 모든 것이 무너지는 것만 같은 순간에도 우리는 지구의 생명을 지속될 것이라고 믿어야하기 때문이다. 그리고 우리는 그것이 가능하도록 도와야한다.

제2부

생태문제에 대한 신앙들의 성명서

6. 도입

1986년에 세계자연기금(WWF)는 5개의 국제적인 종교 단체들을 모아서 이태리 아씨시에서 중요한 환경 단체들과 함께 만났다. 이 신앙들은 두 가지 일을 하도록 요구받았는데, 첫 번째로 그들은 그들이 그 당시에 진행하고 있는 환경사업에 대해 살펴보는 것이었다. 그런 사업을 진행하고 있는 곳은 거의 없었다. 두 번째로 그들은 아씨시회의 이전에 그들의 생태에 관련된 그들 자신들만의 성명서를 한번 작성해 보라고 요구받았다. 이 다섯 개의 원본 성명들은 생태에 신앙들을 진짜 참여하도록 촉진시켰다. 각각의 종교단체들은 그 성명서를 가능한 한 가장 간결하고 명확하게 작성하도록 요구받았다. 또한 그들의 성경과 가르침과 전통과 그들만의 자연을 보호하는 관점으로부터 2000자를 넘지 않게 성명서를 작성하도록 요구받았다. 이러한 성명들은 믿음과 각각의 신앙들의 본질을 볼 수 있는 창의 역할을 하였다. 그들은 환경적인 세계에 각각의 전통으로부터 성명서를 제공하였다. 왜 그 믿음들이 지금 자연을 보호하는 데에 더 많은 것을 해야 하는지를 더 확실히 했다. 이 성명서들은 또한 각각의 신앙 사이에서 연구와 논쟁을 불러일으켰고, 우리가 요청했듯이 어디서나 가능하면 개인들이 아니라, 각각의 신앙들 안에서 가장 큰 학습단체들이 성명서를 준비하도록 요구를 했다. 그래서 이슬람교에서는 '세계무슬림연맹(Muslim World League)'이, 유대교에서는 '세계유대인회의(World Jewish Congress)'가,

그리고 기독교는 프란시스코 수도회가 성명서를 작성하게 되었다. 불교와 힌두교의 경우에는 신앙의 하나의 가장 큰 대변단체가 없었다. 그래서 우리는 불교에 대해서는 달라이라마와 인도 정부의 전 환경부 장관이었던 카란 싱(Karan Singh) 박사와 함께 작업을 하였다. 그리고 힌두교는 선두자적인 힌두 사상가와 함께 작업하였다.

ARC가 시작된 1995년까지 원래 다섯 개였던 신앙 단체들은 바하이교, 도교, 자이나교, 시크교가 참여하면서 아홉 개로 늘어났으며 그들은 그들 고유의 성명서를 작성했다. 자이나교의 경우 세 개의 주요한 교파들이 주축이 되어 구성되어 있는데, 성명서를 작성하는 과정은 이 세 교파들이 몇 백년만에 처음으로 함께 토론을 하도록 만들었다. 또한 궁극적으로는 '자이나교 협회(Institute of Jainology)'를 세우는 역할도 했는데, 이를 통해 지금은 모든 종류의 문제에 대해 세 개의 교파들이 모여 토의한다. 바하이교의 경우 모든 바하이교의 분파들을 포함하는 굉장히 명백한 권위 구조를 가지고 있었다. 그 구조는 그들의 성명서가 발간된 '바하이교국제사회(BIC)'를 통해서 만들어졌다. 시크교의 경우, 그 당시 명확한 주체가 없었고, 그런 주체는 영국에서 시크교 학자들에 의해 만들어졌다.

원조 아씨시 성명서는 그들이 알려지면서 여러 포럼들을 통해 전 세계적으로 출판되었고, 각각의 신앙들은 웹사이트를 통해서도 다양한 방법으로 그것을 전파했다. '생물다양성의 문화적 정신적 가치'와 같은 UN출판물과 영국에서 주립학교의 교육을 위해 만들어진 종교 관련 서적들, WWF에서 발간한 인도 특별판과 같은 여러 서적들, 인도 교수 뒤베디(O. P. Dwivedi)가 쓴 '세계종교와 환경'책, 그리고 영국에서 만들어진 '환경 안식일'자료들을 통해서도 그들의 성명서는 퍼져나갔다. 더 중요한 것은, 각 신앙과 관련 있는 언어로 번역된 번역본도 출간되었고, 그것들은 신앙출판 연락망을 통해 전파되었다.

1995년 우리는 모든 신앙단체들에게 그들의 원조 성명서를 다시 한 번 살펴보고, 수정하고, 상세히 쓰고, 강화하라고 요구했다. 그들의 원조 성명서 이후 겪은 다양한 새로운 경험들에 비추어 개정안을 작성하였고, 이렇게 개정된 각 신앙들의 성명서들은 2000년에 'WWF/ARC Sacred Gifts Celebration'에서 새로 가입한 신도와 조로아스터교(배화교)의 성명서와 함께 여기에서 출판되었다.

성명서는 많은 이유로 매우 흥미롭다. 첫 번째로 그들은 그들의 각각의 신앙 속에서 독특한 방법으로 가르침과 통찰력을 가지고 있다. 그들은 특정한 신앙을 공부한 학자들에 의해 작성된 것이 아니라 정말로 전통적인 신앙을 믿는 사람들에 의해 작성되었다. 대부분의 경우 그 성명서들은 각 신앙의 주요한 단체의 산물이었다. 그래서 예를 들어 기독교의 것은 기존 프란체스코회(천주교) 성명서에 근거하여 쓰였고, 천주교 다음으로 가장 큰 기독교신앙단체인 정교회와 비-천주교 교회를 대표하는 가장 큰 단체인 세계교회협의회로부터의 도움을 받았다.

두 번째로 각각의 성명서의 문체와 구조는 문자언어의 관념과 그 신앙의 중심 관념에 대한 각 신앙의 접근법과 태도를 반영한다. 몇몇 성명서들은 꽤 짧은데, 예를 들어 자이나교의 성명서는 매우 간결한데 그것은 그들이 (말보다는)실천하는 것을 중요시 여기기 때문이며, 불살생의 교리의 핵심인 비폭력을 매우 강조하기 때문이다. 그것이 너무나 중요하기에 다른 말들은 그저 부연설명의 역할을 할 뿐이다. 반면 유대교와 시크교의 경우, 각자의 신앙에 관한 문자언어로 된 성서가 전통적으로 내려왔고, 그것이 신의 징후라고 믿어왔다. 각각의 성명서는 각각의 신앙에 대한 세계관과 믿음으로 통하는 통로라고 할 수 있다. 그래서 그들이 그토록 다양하고 다르고 흥미로운 것이다.

이러한 성명서들은 원본은 영어가 아닌 다른 언어로 적혀있었다. 그래서 형식의 일관성과 가독성을 위해 편집되었다. 그들은 우리와 신앙단체들의 바람대로 저작권에서 자유롭기에 인쇄, 방송, 이메일, 그리고 다른 어떠한 방법을 통해서 전파되는 것은 가능하다. 다만 우리가 부탁하는 한 가지는 원본출처를 밝혀달라는 것이다. 그러나 결국 어떠한 누구도 이 신앙단체들과 성명서들에 있는 지혜를 소유할 수 없으며 그 누구도 그것의 저작권을 소유하고 있지 않다.

7. 바하이교의 신앙

이 성명서는 '바하이교 국제사회'를 대표하여 '바하이 환경 사무소'에서 발간하였다.

세계사회로의 전환기를 맞는 이 시대에 환경보호와 지구 자원의 보존은 엄청나게 복잡한 난국을 나타낸다. 물리적으로 세계를 통합시킨 과학과 기술의 급속한 발전은 또한 지구가 가지고 있는 생물다양성과 풍부한 자연유산들의 파괴를 가속화하였다. 소비주의와 과도한 개인주의에 의해 생겨나고, 도덕적인 기준과 정신적인 가치의 쇠퇴로 인해 방향을 잃은 물질문명은 이미 도를 넘어섰다.

오직 보편적인 가치와 원칙을 근간으로 하는 세계사회에 대한 통합적인 시각만이 개인들이 자연환경에 대한 장기적인 관심과 보호를 하고자 하는 책임감을 고무시킬 수 있다. 바하이교는 세계를 품는 통찰력, 그리고 지구의 공평성, 번영과 화합을 예견했던 바하올라의 가르침 속에 있는 가치를 발견했다.

지속가능한 개발과 보존에 관한 바하이교의 가르침

바하올라는 그의 신자들에게 세계시민의식과 지구에의 책임감을 고양시키도록 명했다. 그의 집필서들은 자연세계에 대한 깊은 존경과 모든 것들의 상호연결성에 대한 내용으로 가득 차 있다. 그것들은 신의 사랑의 결실과 그의 계명들에 복종하는 것은 위엄 있고, 고결하며 가치 있는 일이라고 강조한다. 이런 특징들로부터 서로서로를 사랑과 연민으로 대하고, 더 나은 사회를 위해 기꺼이 희생하고자 하는 자연스러운 성향이 생겨난다. 바하올라는 또한 중용, 정의에 대한 약속, 그리고 이 세상의 물질적인 것으로부터의 분리를 가르친다. 더 풍족하고 하나된 세계 문화를 만들기 위해 개인들이 공헌할 수 있도록 만들어주는 정신적인 수양 또한 가르친다. 이러한 문명을 위한 보편적인 패턴과 근간이 되어야 하는 원칙들은 바하올라의 계시에 상세히 나와 있다. 이 계시는 맥없는 인류에게 희망을 주고 현재와 미래 세대의 수요를 동시에 충족시키는 것이 진실로 가능하다는 것을 약속하며, 사회적 경제적 발전을 위한 건전한 기초를 세우도록 해준다. 이런 문명에 대한 영감과 비전은 바하올라의 말에 들어있다. "지구는 하나의 국가다. 그리고 인간은 그 나라의 시민이다."

바하이교의 보존과 지속가능한 개발로의 접근방법을 알 수 있는 원칙들 중에서 다음에 쓰인 것들은 특별히 더 중요하다.

- 자연은 신의 품성과 특성을 반영한다. 그러므로 반드시 존중되어야 하고 소중히 여겨져야 한다.
- 모든 것은 상호 연결 되어있고 호혜 법칙에 의해 번영한다.
- 인류의 하나 됨은 우리 시대를 진실로 형성하는 근본적인 정신적, 사회적인 요소이다.
- 자연은 신의 품성과 특성을 반영한다.

바하이교의 성경은 신의 의지의 소산으로 자연을 묘사하고 있다.

자연 속에 있는 본질은 내 이름, 창조자, 조물주의 전형이다. 그의 징후는 다양한 이유로 다양화되고 이러한 다양성 속에서 구안자의 기색이 있다. 자연은 신의 의지이며 세상을 통한 그의 표현이다. 이것은 임명자인 All-Wise에 의해 제정된 신의 섭리다.

자연을 신의 투영, 신의 의도의 표현이라고 이해하는 것은 자연세계에 대한 깊은 존중을 고무시킨다.

내가 말한 무엇이든 나는 나에게 알려주는 것을 손쉽게 알 수 있었다. 그리고 그것은 나에게 당신의 사인, 당신의 증표, 당신의 증언을 상기시켜주었다. 그의 영광 안에서! 내가 그의 나라를 볼 때마다 나는 그의 높으심과 그의 고귀함과 그의 비교할 수 없는 영광 그리고 위대함을 느낀다. 그리고 내가 그의 땅으로 눈을 돌릴 때마다 나는 그의 권능과 그의 너그러움의 징표를 알아챌 수 있다. 그리고 내가 바다를 바라볼 때 나는 그의 고귀함과 그의 위대함과 그의 권력, 그리고 그의 위엄을 느낄 수 있다. 그리고 내가 산을 볼 때마다 나는 그의 승리와 그의 전능의 징표를 찾을 수 있다.

이런 존경심은 추후에 바하이교의 성전 여기저기에 있는 자연세계관에 대한 방대한 은유적 언급들에서 더욱 강하게 나타난다. 하지만 자연이 가치 있게 평가되고 존중되는 반면 숭배되지는 않았다.

대신 신에게서 받은 목적을 인류에게 전하는 역할을 하였다. 가장 진보한 문명에게까지 진전해왔다. 이런 관점에서 바하이교의 신앙은 생물 중심적이지도, 엄격히 말해 인류 중심적이지도 않은 세계관을 보여준다. 하지만 오히려 신의 계시를 중심으로 하는 신 중심적인 관점이다. 인류는 이러한 물질계 속에서 신의 계시를 수행해나가려 노력하기에 자연의 신자 혹은 관리사다.

책임감 있는 자연세계의 관리는 동물을 대하는 인간의 태도로까지 이어진다.

신의 사랑을 받고 자비와 애정으로 대해져야 하는 것이 인간만이 아니다. 모든 생물들을 최고의 자애심으로 대해야 한다. 너의 자식들을 동물들에게 매우 부드럽게 사랑해줄 수 있도록 어릴 때부터 가르쳐라.

모든 것들은 상호 연결되어있고 호혜의 법칙에 따라 번영한다. 상호연결성과 호혜의 원칙은 바하이교의 우주관과 인간의 책임감을 이해하는 것의 근간이 된다.

우주의 모든 부분은 다른 부분들과 함께 연결되어있다. 그 연결은 매우 강력하며 불균형이나 느슨함을 용납하지 않는다.
협력과 호혜는 세상의 모든 존재에 핵심이 되는 필수적인 요소이다. 그리고 그것이 없으면 생물체 모두는 감소하고 결국 소멸하게 될 것이다.
이 세상 모든 것들의 관계를 눈으로 관찰해보면 함께 존재하는 관계의 기저에 있는 가장 강력한 요소는 생명체 그 자체와 협력과 상호 도움과 호혜관계라는 것을 발견할 수 있다. 이것들이야말로 세상에 존재하는 모든 생명체들의 필수적인 특징이다. 모든 생물체들이 서로서로 가깝게 연결되어있고 각각은 서로에게 직간접적으로 영향과 호혜를 주고받는다는 사실을 고려하면 이는 더더욱 명확해진다.

진화의 과정은 바하이의 성경을 명쾌하게 확인시켜준다.

크든 작든 모든 생명체들은 처음부터 정밀하고 완벽하게 만들어져있다. 그러나 그들의 완벽함은 그들 안에서 차등적으로 나타난다. 신의 조직은 하나이다. 존재의 진화는 하나이다. 신의 체계는 하나이다. 당신이 우주의 시스템에 대해 생각할 때 당신은 완벽의 한계까지 한 번에 도달한 생명체는 단 하나도 보지 못할 것이다. 그들은 점진적으로 성장하고 발전하였으며 완벽의 단계까지 오게 되었다.

생물다양성의 축복은 더욱 강조되어있다.

다양성은 완벽의 필수 요소이며 최고 영광스러운 신(Most Glorious Lord)이 주신 선물의 표현이다. 이러한 다양성은, 즉, 이러한 '다름'은 인간의 신체에 있는 사지와 기관들이 자연스럽게 다르고, 다양한 것과 같다. 이것들은 아름다움에, 효율성에, 그리고 전체적으로는 완벽함에 기여한다. 만약 모든 꽃과 식물, 잎과 만개한 모습, 열매와 가지, 그리고 나무들과 정원이 같은 모양과 색깔로 이루어져있다면 얼마나 시각적으로 재미없겠는가. 색깔, 형태와 모양, 풍부하고 가꾸어진 정원, 그리고 그들의 효과들이 다양함.

정신적이고 물질적인 면들은 서로 연결되어있고 서로에게 작용한다.

우리는 인간의 심장을 우리 외부에 있는 환경으로부터 분리할 수 없다. 그리고 이들 중 하나가 개선되면 모든 것이 좋아질 것이라고 이야기 할 수 없다. 인간은 세상과 함께하는 생명체이다. 인간의 내면의 삶은 환경을 만들고, 그 자체 또한 환경에 의해 깊이 영향을 받는다. 그는 다른 것들과 함께 상호작용하며 인간의 삶에서 일어나는 모든 지속적인 변화는 이러한 상호작용의 결과이다.

과학과 종교의 본질적인 통일성-물질적인 영역과 정신적인 영역의 상호연결성-을 생각해보았을 때, 과학적인 추구가 높이 평가되는 것은 놀라운 일은 아니다.

생명체의 비밀을 조사하는 지식적인 능력은 인간의 가장 훌륭한 점이다. 그것을 이용함으로써 인류의 발전은 이루어져왔고 그 덕분에 인류는 더욱 향상될 수 있었다.

그러나 조사의 능력은 정신적인 원칙-특히 중용과 겸손-에 의해 행해져야 한다.

어떠한 단체이든지 그것이 인간의 가장 큰 선생일지라도 오용될 수 있는 가능성이 항상 존재한다.
만약 남용된다면 문명은 절제와 중용의 범위 안에서 선함을 지켜왔었던 것 만큼이나 악의 근원이 될 수 있다. 모든 안목이 있는 자가 땅 위를 걸을 때, 그의 번영, 부, 위대함, 행복, 발전, 힘이 신에게서 받은 것과 같이 모든 인류의 발아래 있는 땅에서부터 왔다는 것을 충분히 이해한다면 진정한 겸연쩍음(겸손해짐)을 느낄 것이다. 모든 자존심, 자만심, 그리고 허영심으로부터 깨끗해지고 신성화된 이 진리의 인식에 대해 의문을 제기할 수 있는 자는 아무도 없다.

자연의 모든 부분의 상호의존성과 호혜성, 모든 생명체들의 진화 속에서의 완벽함, 그리고 다양성의 중요성을 알게 되면 "아름다움, 효율성, 그리고 전체로서의 완벽함"이라는 바하이교의 구절을 이해할 수 있다. 그것은 인간의 번영을 위해서 지구의 생물다양성과 자연의 질서를 최대한 지키는 노력이 필요하다는 의미이다.

그럼에도 불구하고 모든 인류가 겪은 경제적사회적 정의의 확장 과정 안에서 명백하게 어렵고 되돌릴 수 없는 결정들이 내려졌다. 그러한 결정들에 대해 바하이교는 협의체제 안에서 결정되어야 하고 영향을 받는 자들을 포함시켜야 하며 그 결과로 다음 세대들의 삶에 나타날 정책, 프로그램, 그리고 활동들의 영향들을 고려해야 한다고 생각한다.

바하이교에서 문명은 최소한 5000세기 동안 존재할 것이라고 했던 바하울라의 약속은 오늘날 내려지는 결정들의 장기적인 영향을 무시하는 비양심적인 것들임을 말해준다. 그러므로 세계 사회는 오랜 기간 동안 지속가능성을 확보하기 위하여 반드시 지구상의 재생 가능한 자연자원과 재생 불가능한 자연자원들을 올바르게 이용하는 방법을 배워야한다. 그러나 이것은 바하이교가 주장하는 "손을 떼고 숲으로 돌아가라"는 정책을 의미하는 것이 아니다. 그 반대로 바하이교가 믿는 세계 문명의 방향은 결국 깊은 신앙으로부터 활기를 띠고 과학과 기술이 인류를 돕고 자연과 조화를 이루며 살 수 있는 것이다.

> 인류의 하나됨은 바하이교에서는 우리의 시대를 진정으로 구성하는 본질적인 정신적이고 사회적인 요소이며 지구상에서의 인류의 집단생활의 궁극적인 목표이다. 이 원칙은 개인 뿐 아니라 모든 국가들을 하나의 가족으로 묶어줄 수 있는 관계들에도 적용될 수 있다.
> 인류의 하나 됨은 오늘날사회의 구조의 변화를 의미한다. 그 변화는 이 세상은 아직 경험하지 못한 것이다. 그것은 자그마치 모든 문명화된 사회의 복원과 비무장화를 요구한다. 세계는 유기적으로 모든 삶, 정당, 정신적인 염원, 무역과 자본, 언어, 무한한 국가적인 특성의 다양성에서의 필수적인 요소들이 연결되어있다.
> 이것은 인간 진화의 완성을 대표하고 이 거대한 진화에서 마지막 단계를 달성하는 것은 필수적일 뿐 아니라 피할 수 없는 것이라는 엄숙한 주장이다. 그것을 깨닫는 것은 가장 빠른 접근이고 신의 탄생이 그것을 세우는 힘과 다름없다.

바하이교의 성경은 인류의 하나 됨의 원칙을 고수하는 것이 인간의 정신적 사회적 그리고 물리적 환경에 직접적이고 지속적인 영향을 줄 것이라고 주장한다. 이 원식의 보편적인 수용은 세계의 교육적 사회적 농업적 산업적 경제적 법적 그리고 정치적 시스템의 구조 조정을 수반할 것이다. 이러한 구조조정은 지속가능하고 정의롭고 번성하는 세계문명을 용이하게 할 것이다. 궁극적으로 오직 정신적인 기반이 된 문명-과학과 종교가 조화롭게 작동하는-이 지구의 생태적인 균형을 보전시킬 수 있고, 인구의 안정화를 가속화하고, 모든 인간과 국가의 물질적 정신적 행복을 증진시킬 수 있을 것이다.

결론

바하이교의 성경은 지구의 방대한 자원과 생물학적 다양성을 믿는 사람으로서 인간은 미래인류에게 물려줄 유산을 보호할 방법을 찾아야만 한다고 말한다. 신의 발자취를 자연 안에서 보고, 물질적인 풍요의 원천인 지구에 겸손한 태도로 다가가고, 중용의 태도를 가지고 행동하며 우리의 시대의 본질적인 정신적 진리인 인류의 하나 됨으로 인도되는 것이다. 우리가 세운 삶의 지속가능한 양식을 가진 속도와 시설들은 최종 단계에서 결국 신의 사랑과 그의 말씀에 복종하는 것을 통해 가장 발전된 문명을 세우는 건설적인 힘으로 변화하고자하는 우리의 의지에 달려있다.

8. 불교

이 성명서는 불교 교육자이자 유럽 참여불교 대표인 케빈 포시(Kevin Fossey), 캄보디아불교의 주교인 고사나다(Somdech Preah Maha Ghosananda), 20세기 붓다의 제자 바쿨라(Bakula)의 환생, 라다키(Ladakh) 불교의 수장, 그리고 몽고 불교의 최초의 재건자인 스리 쿠숔 바쿨라(Sri Kushok Bakula) 각하, 그리고 베트남 불교의 주교인 넴 킴 텍(Venerable Nhem Kim Teg)에 의해 구성되었다.

모든 불교의 가르침과 실천은 진리와 진리로 가는 길이라는 뜻의 달마에 포함된다. 달마라는 단어는 또한 현상이라는 뜻을 가지고 있다. 또한 이런 방법으로, 우리는 모든 것을 가르침의 범위 안에서 생각해볼 수 있다. 모든 외부, 내부 현상들과 마음과 그것을 둘러싼 환경은 서로 분리된 상태로, 혹은 독립적으로 생각해서는 이해될 수 없다.

붓다는 그의 생애동안 어느 하나가 독립적으로 존재한다는 것은 망상이라는 개념을 이해했다. 모든 것들은 상호관련이 있다. 우리는 상호 연결되어있고 자체적으로 존재할 수 없다. 붓다가 말하길, '이것은 저것이 그렇기에 그렇고, 이것은 저것이 그렇지 않기에 그렇지 않다. 이것은 저것이 태어났기에 태어났고, 이것은 저것이 죽었기에 죽었다.' 전체의 건강은 부분의 건강과 연결되어 분리할 수 없고 부분의 건강은 전체의 건강과 연결되어있기에 분리할 수 없다. 모든 생명은 원인들과 조건들을 통해 생겨난다.

많은 불교 수도승들-성하 달라이라마, Venerable Thich Nhat

Hanh, Venerable Kim Teng, Venerable Phra Phrachak-은 고전 생태와 불교와의 깊은 관계에 대해 강조했다. 베트남 수도승 Venerable Thich Nhat Hanh에 따르면,

> 불교신자는 인간, 사회, 그리고 자연 사이의 상호연결성은 우리가 불안, 두려움, 그리고 마음의 흐트러짐에 점유당하는 것을 점차적으로 멈추고, 그로부터 회복할수록 더욱 더 드러날 것이라고 믿는다. 인간, 사회, 그리고 자연. 이 세 가지 사이에서 변화를 시킬 수 있는 것은 우리다. 그러나 변화를 만들기 위해 우리는 우리 자신을 회복해야 하고 온전해져야한다. 이것이 인간의 치유에 좋은 환경을 요구하기 때문에 인간은 그의 인간성의 붕괴로부터 자유로운 삶의 방식을 추구해야 한다. 환경을 변화하려고 하는 노력과 자신을 변화시키려는 노력 둘 다가 필수적이다. 그러나 우리는 개인들이 안정상태에 있는 것이 아니라면 환경을 바꾸는 것이 얼마나 어려운 일인지를 안다.

환경을 지키기 위해서 우리는 우리 자신을 지켜야만 한다. 우리는 관대함을 가지고 이기심을 반대하고, 지혜를 가지고 무시에 반대하고, 자애심을 가지고 증오에 반대하는 노력을 함으로써 우리 자신을 지킬 수 있다. 우리는 환경을 파괴하는 행동들을 포함한 모든 우리의 행동들을 스스로 인지할 수 있게 해주는 불교의 명상을 통해서 훈련해야 한다. 마음 챙김과 명쾌한 이해는 불교 명상의 핵심이다. 우리가 각각, 매 단계를 염두해 둘 때 평화를 찾을 수 있다.

Maha Ghosananda의 말씀:

> 우리가 환경을 존중하면 자연도 우리에게 우호적이다. 우리의 마음이 선할 때 하늘도 우리에게 선하다. 나무들은 우리의 어머니 아버지와 같아서 우리에게 먹을 것을 제공하고, 영양을 주고, 과일과 잎, 가지, 그리고 나무기둥까지 모든 것을 준다. 그들은 음식을 줄 뿐 아니라 우리가 필요로 하는 대부

분의 것을 제공해준다. 그래서 우리는 우리 자신을 보호하고, 우리 환경을 보호하는 붓다의 다르마(Dharma)를 전파해야 한다.
우리가 인간이라는 종의 일부라는 것을 인정할 때, 즉, 모든 생명체가 붓다의 자연을 가지고 있다는 것을 인정할 때, 우리는 앉아서 이야기하며 평화를 만들어갈 수 있다. 나는 이러한 깨달음이 지금 현 세상에 퍼져서 인류와 지구에 축복을 가져오길 기도한다. 나는 우리 모두가 이 생애에 평화를 깨닫고 모든 생명체를 고통으로부터 구원하기를 기도한다.
세상의 고통은 깊어만 간다. 이러한 고통으로부터 큰 동정이 생겨난다. 큰 동정심은 평화로운 마음을 가져온다. 평화로운 마음은 평화로운 인간을 만든다. 평화로운 인간은 평화로운 가정을 만든다. 평화로운 가정은 평화로운 사회를 만든다 평화로운 사회는 평화로운 국가를 만든다. 평화로운 국가는 평화로운 세상을 만든다. 그러면 모든 생명체들은 행복과 평화 속에서 살게 될 것이다.

불교의 생태학적인 종교, 혹은 종교적인 생태.

불교의 이상과 자연세계간의 관계는 3가지 문맥에서 살펴볼 수 있다.

1. 스승으로서의 자연
2. 정신적인 힘으로서의 자연
3. 삶의 방식으로서의 자연

스승으로서의 자연

붓다와 같이, 우리는 우리 주변을 돌아보는 관찰자가 되어야만 한다. 왜냐하면 이 세상의 모든 것들은 우리의 스승이 될 준비가 되어있기 때문이다. 아주 작은 직관적인 지혜를 가지고서도 우리는 세상의 길을 명확하게 꿰뚫어볼 수 있다. 우리는 세상에 있는 모든 것이 우리의 스승임을 이해하게 될

> 것이다. 예를 들어 나무와 넝쿨들은 현실에 대한 실체를 보여줄 수 있다. 지혜를 가지면 누구에게 질문을 할 필요도, 공부를 할 필요도 없다. 우리는 자연에게서부터 깨달음을 얻을 만큼 충분히 배울 수 있다. 왜냐하면 모든 것들이 진리를 따르기 때문이다. 그들은 절대로 진리에서 벗어나지 않는다 (Ajhan Chah, Sangha 숲 뉴스).

붓다는 삶과 자연세계에 대한 존중은 필수적인 것이라고 가르쳤다. 단순하게 살아감으로써 인간은 다른 생명체들과 조화롭게 살 수 있고, 모든 살아있는 것들과의 상화연관성에 대해 감사함을 배울 수 있다. 삶의 단순함은 우리의 환경에게 마음을 열도록 도와주고, 인지와 책임감 있는 자각을 가지고 세상과 관계할 수 있도록 해준다. 그것은 또한 우리가 소유하지 않고도 즐거울 수 있도록 해주고 서로 이용하지 않고도 상호이익이 될 수 있도록 해준다.

그러나 붓다는 그저 환상에 사로잡힌 이상주의자는 아니었다. 그는 모든 살아있는 것들이 고통 받고 있다는 것을 보고 깨달았다. 그는 위태로운 세상 속에서 생명체들이 생존을 위해 고군분투하는 것을 보았다. 그는 죽음과 두려움을 보았고 약육강식의 세계와 하나의 작물을 재배하느라 수천의 생명체들이 황폐화되는 것도 보았다. 그는 또한 덧없음을 보았다.

Ajahan Chah가 쓴 것에 따르면:

> 나무들을 예를 들자면 처음으로 그들은 태어나고 그들은 자라고 성숙하고 그들이 모든 나무들이 그러하듯 마침내 죽을 때까지 끊임없이 변화한다. 같은 방법으로 사람들과 동물들도 태어나고, 자라며 그들이 결국 죽을 때까지 변화한다. 이러한 탄생부터 죽음까지의 과정에서 발생하는 수많은 변화들은 인연(Dharma)의 길을 보여준다. 다시 말하자면, 모든 생명체들은 영구적이지 않고 그들의 자연적인 상태에 따라 쇠퇴하고 해산된다.(붓다-자연)

자연과 우리 모두 독립적이거나 불변하지 않는다. 변화는 자연의 본질이다.

Stephen Barchelor의 말에 따르면:

> 우리는 우리가 단기간의 생각과 감정과 충동의 집합체라고 생각하기보단 독립적이고 스스로 존속하는 줄로 믿는다(The Snads of the Ganges).

우리는 모든 것으로부터 독립적으로 존재하지 않는다. 우주의 모든 것들은 존재하게 되고 특정한 상황의 결과 발생하게 되었다. 따라서 외부적이고 개인적인 진보를 개별적인 의미로 이해하는 것은 분명한 실수다.

붓다는 우리에게 단순하게 살 것, 평온함을 소중히 할 것, 생의 자연적인 순환을 감사히 여길 것을 가르쳤다. 이러한 우주적인 힘 안에서 모든 것들은 다른 모든 것들에 영향을 준다. 자연은 나무가 기후에 토양에 동물에 영향을 주는 생태 시스템이다. 또한 반대로 기후가 나무에 토양에 동물에 영향을 준다. 해양, 하늘, 그리고 공기는 모두 서로 관련이 있고 서로 의존적인 관계이다. 물은 생명이며 공기도 생명이다. 불교의 실천 결과는 한 가지의 존재가 다른 것들의 존재보다 무척 더 중요하지 않다는 것을 아는 것이다. 자아에 집착하는 개념, 즉, 개인의 중요성과 자기 자신을 강조하는 것은 서양에서 보편적인 관점인데, 그것이 동양으로 와서는 "발전"이라는 개념으로 다가왔고 소비주의가 퍼지기 시작했다. 어떤 것을 매끄럽고 분리되지 않은 전체로 보기 보단 우리는 분류시키고 구분하는 경향이 생겼다. 자연을 우리의 큰 스승으로 보는 것 대신 우리는 낭비하고 다시 채워놓지 않으며 붓다가 가르친 "자연으로부터의 지혜"를 잊었다.

우리가 자연을 친구처럼 대하고, 그것을 소중히 여기면 우리는 자연을 지배하는 태도에서부터 자연과 함께하는 태도로 바뀌어야 하는 필요성을 깨달을 수 있다. 우리는 모든 존재를 지배하는 존재가 아니라 모든 존재의 고유한 부분이라고 생각할 수 있다.

정신적인 힘으로서의 자연

Shantiveda가 인도에서 18세기에 자연에서 살면서 수도원이나 마을에서 사는 것을 더 선호했다:

> 내가 숲에서 살 때 사슴과 새와 나무와 함께 살 때, 어떤 것도 기쁘지 않은 것이 없었고, 그들과 함께 하는 것이 즐거웠다(Bodhisattva의 삶의 방식 가이드).

티베트 불교 스님 중 가장 위대한 인물 중 하나인 파투룰 린포체(Patrul Rinpoche)는 19세기에 기록하길:

> 인연에 너의 마음을 놓고 너의 인연을 겸소한 삶에 놓고 너의 겸손한 삶을 죽음의 생각에 놓고 너의 죽음을 외로운 동굴에 놓아라(나의 완벽한 스승의 말씀).

붓다는 자연의 균형은 숲의 기능에 의해 얻어진다고 가르쳤다. 숲의 생존은 자연스러운 조화, 균형, 도덕, 그리고 환경에 필수적이다.

불교의 스승과 마스터들은 우리에게 자연과 조화롭게 사는 것, 모든 생명을 존중하는 것, 명상의 시간을 갖는 것, 단순하게 살고 정신적인 힘으로서 자연을 이용하는 것의 중요성을 끊임없이 되새겨준다.

붓다는 네 가지 무한한 가치를 특히 강조하였는데, 그것은 자애, 동정, 공감, 그리고 평정이었다.

덕망 있는 아삽호(Asabho)는 생명체의 가치는 영국 치져스트 함머(Chithurst Hammer)숲의 은신처에 있다고 말했다. 그 숲은 그 자신만의 리듬을 가지고 있어서 며칠 후에는 이 새로운 환경에 신진대사와 수면 패턴이 맞추어지고 감각들이 더 선명해진다고 말했다. 귀와 코는 가스, 전기, 인위적인 빛과 같은 편리한 것들을 가지고 있지 않을 때 더욱 중요한 역할을 한다. 급속한 20세기에서 사는 것이 우리의 진정한 천성은 종종 현대 도시화된 삶에서 피할 수 없는 엄청난 감각적인 충격들에 의해 무뎌지곤 한다. 활동을 거의 하지 않고 방해를 거의 받지 않으며 자연에 가까이 사는 것은 굉장히 치유적인 경험이다. 너 자신을 믿는 법을 배우고 판단하기보단 친구가 되는 법을 배우면서 존재의 가벼움을 알게 되고 자존감을 내려놓는 법을 배우게 된다. 그는 진정한 의미의 덧없음을 깨닫게 된다. 동물들의 소리, 나무들의 질감, 숲과 땅의 미세한 변화, 자신의 마음에 일어나는 작은 변화들.

> 이 모든 것이 덧없음을. 자연과 함께 숲에서 단순하게 산다는 것, 즉, 은신한다는 것은, 인간이 땅으로 돌아가도록, 자기 자신을 진정시키도록 도와주고, 자연의 서두르지 않는 리듬으로 살도록 돕는 것. 자연과 함께 모든 탄생, 성장, 약화, 그리고 쇠퇴는 자연스러운 것이며 이 모든 것은 옳은 것이다(Chirhurst 불교 수도원에서의 대화).

이런 방법으로 산다면 우리는 우리가 사랑하는 모든 것의 허무함, 확신의 변하기 쉬움에 대해 감사할 수 있을 것이다. 안거와 고독은 우리의 종교적 수행을 보충해줄 것이고 마음을 깊이하고 맑게 하고 강하게 해주는 기회가 될 것이다. 일상에 대해 염두를 함으로써 그는 삶의 흐름에 집중할 수 있게 되며 긍정적이고 즐겁고 정신적인 힘으로서 자연을 볼 수 있게 된다.

삶의 방향으로서의 자연

붓다는 절약을 그 본질적 속성으로서 도덕적이라고 말했다. 숙련된 삶은 낭비를 멀리하고 우리는 우리가 할 수 있는 한 재활용을 하려고 노력해야 한다. 불교는 자연에 대해 단순하고 부드럽고 공격적이지 않은 태도를 주장한다. 자연에의 모든 형태의 숭배는 양성되어야 한다.

붓다는 가르침을 위한 예시를 자연에서 들었다. 그의 이야기 중에서 식물과 동물의 세계는 우리의 상속의 일부분으로 다루어지며 우리의 일부분으로까지 다루어진다. 크리쉬나무티(Krishnamurti)가 '우리는 세상이고 세상은 우리다.'라고 말했듯이 우리 자신을 들여다보고 우리가 사는 삶을 들여다보는 걸 시작함으로서 우리는 아마도 환경적인 위기에 대한 진정한 해결책은 우리에게서부터 시작된다는 것을 깨닫게 될 지도 모른다.

갈구하는 것과 탐욕은 불행을 가져올 뿐이다. 단순함, 절제, 중도는 해방을 가져오고 따라서 평정과 행복을 가져온다. 우리의 물질적인 소유에 대한 갈망은 절대로 충족될 수 없다. 우리는 언제나 더 많은 것을 바랄 것이며 우리를 만족시킬 수 있을 만큼 충분한 것이 이 세상에 없으며 완벽한 만족을 주는 것도 없다. 그리고 어떠한 정부도 우리가 바라는 안보를 달성해줄 수 없다.

그러나 불교는 이러한 개인적인 기풍과 물질주의와 소비주의의 속박에서부터 우리를 떨어트려준다. 우리가 탐욕을 채우려 할 때 우리는 내면의 평화를 갖는 것에서부터 시작하여 우리 주변과 함께 평화로워지는 방법을 쓸 수 있다. 붓다의 가르침, 다르마의 모습은 삶과 밀접하게 관련이 있다. 우리는 수용적이고 솔직하고, 세심하고, 어떤 것에 집착하는 것이 아니라 적재적소에 필요한 것들을 선택하는 태도를 갖도록 교육받는다.

살육하지 않고 훔치지 않고 잘못된 성욕을 표현하지 않는 법을 발달시킴으로서 아마도 우리는 삶의 리듬을 깨트리지 않으면서 자연과 함께 살 수 있게 될 것이다. 우리의 생애에서 다른 생명체를 해하지 않는 일을 찾고 무기, 마약, 육류, 주류, 그리고 독극물들을 사고파는 것을 멈춤으로서 우리는 자연에 가까워지는 것을 느낄 수 있다.

현재의 순간을 만끽하며 살기 위해 스스로가 우리의 생각, 느낌, 감정을 인지하는 것에 둔감해지는 것을 절대로 허락하지 않는다면, 우리의 마음은 가득차고, 활동적일 수 있다. 우리는 붓다가 가르쳐준 삶의 방식대로 살 필요가 있다. 자연과 함께 평화롭고 조화롭게 사는 방식으로. 하지만 이것은 스스로 시작되어야 한다. 만약 우리가 이 지구를 살리려 한다면 우리는 새로운 생태학적인 질서를 찾고, 우리가 영위해 온 삶을 되돌아 봐야 하며 모두가 이롭도록 함께 해나가야 한다. 우리가 함께하지 않는다면 어떠한 해결책도 찾을 수 없다. 자기중심적인 것에서부터 멀어져서 조금 더 단순하게 사는 것을 받아들이면서 우리는 이 세상에 존재하는 고통을 덜어주는 데 일조할 수 있다. 인도 철학자 Nagarjuna가 "모든 것은 그들의 존재와 자연의 상호 의존으로부터 생겨났고, 어떠한 것도 그들 스스로 만들어지지 않았다"라고 말했다.

숨을 들이마실 때 나는 내가 숨을 들이마시는 것을 안다.

숨을 내쉴 때 나는 안다.
들숨이 깊어질수록
날숨도 서서히 커진다.
들숨은 나를 차분하게 만든다.
날숨은 나를 편안하게 만든다.
들숨과 함께 나는 미소지으며
날숨과 함께 나는 안도한다.
숨을 들이 쉴 때 현재의 시간만이 존재할 뿐이며
숨을 내쉴 때는 아름다운 순간이 존재한다(덕망있는 Thich Nhat Hanh의 시의 일부).

9. 기독교

이 성명서는 콘스탄티노폴리스 총대주교청, 세계교회협의회, 바티칸 프란체스코 환경 연구소에 의해 편집되고 승인되었다.

기독교는 모든 생명체가 신의 사랑이라고 가르친다. 신은 창조할 뿐 아니라 존재의 모든 면을 끊임없이 보살펴준다(루카 복음 12:6-7). 예수의 말씀에 따르면:

다섯 참새들이 두 닢에 팔리지 않느냐? 그러나 그 가운데 한 마리도 하느님께서 잊지 않으신다. 더구나 하느님께서는 너희의 머리카락까지 다 세어 주셨다.

그러나 슬프게도 많은 기독교인들은 예수가 말한 마지막 부분에 더 집중한다.

두려워하지 말라. 너희는 수많은 참새보다 더 귀하다.

신의 장조와 사랑의 힘과 인간의 능력과 신에 대항하는 경향 사이에 갈등과 긴장이 기독교인 사이에 존재한다. 기독교는 창세기1,2,9의 성서의 형상화에 의하면 창조 안에서 인류의 특별한 역할에 대해 분명히 한다. 그러나 이러한 특별한 역할은 때때로 인간이 마음껏 주인의 역할을 하도록 해석되었다. 세계교회협의회가 1988년 노르웨이 그

랜볼튼 회의에서 말한 문서에 따르면:

> 생명체들에 대해 "주인"의 역할을 갖는 것은 자연 자원에 대한 무분별한 이용과 사람과 토지의 소원함과 토착 문화의 파괴라는 결과를 낳았다. 생명체는 삼위일체 하나님의 사랑과 의지로 만들어졌고 따라서 그것들은 내면의 화합과 선함을 가지고 있다. 인간의 눈으로 항상 그것을 알아차릴 수 없더라도 모든 생명체들과 모든 창조는 그것이 부여받은 생명과 함께 영광스러운 일치와 화합의 증명이다. 그리고 우리 인간의 눈이 뜨이고 우리의 혀가 느슨해진다면 우리는 신의 지속적인 선물인 삶과 사랑과 자유의 힘에 대해 배우고 기도드릴 것이다.

다른 방법으로 주요한 교회들은 그들의 신학을 개정하거나 재평가하도록 노력했고 그 결과 그들의 실천은 환경적인 위기에서 빛을 발하게 된다. 예를 들어 교황 바오로 6세의 교서 팔십 주년에서도 비슷한 방식으로 언급되어 있다:

> 그릇된 자연의 이용으로 인해 인류는 그것을 파괴시키는 위험을 감수하고 있으며 이러한 악화로 인해 스스로 희생자가 되어가고 있다. 땅에서부터 도피, 산업적인 성장, 계속적인 인구 증가와 도심지로의 집중은 상상하기 힘든 인구 밀집을 가져왔다.

1990년 신년사에서 성하 교황은 또한 언급하길: "특히 기독교인들은 그들의 생명체들 안에서의 책임감과 자연과 창조자를 향한 그들의 의무를 깨닫는 것은 그들의 믿음 중 정수이다."

정설에 의하면 이것은 1990년 총대주교청(Ecumenical Patriarchate)에 의해 쓰인 문서인 "정설과 생태학적인 위기"에 더 강화되어 나타나 있다. 정교회는 인류는 개별적으로 그리고 단체적으로 신의 희생과 표징으로 자연적인 질서를 인지해야 한다고 가르친다. 이것은 분명히 오늘날 행해지고 있는 것과는 다르다. 오히려 인류는 자연 질서를 이용의 대상으로 인식하고 있다. 자연을 존중하는 것이 모든 생명체와 물체들이 신의 창조 안에 저만의 위치를 차지하고 있다는 것을 깨닫는다면, 자연을 존중하지 않는 것에 대해 무죄인 자는 아무도 없다. 우리가 우리 주변에 존재하는 신의 세계를 민감하게 볼 수 있게 된다면 우리는 우리와 함께하는 신의 세계 안에서 더욱 잘 의식하게 될 것이다. 신의 조화로서 자연을 보기 시작하면 우리는 또한 자신을 자연 속에 있는 인간으로 볼 수 있게 될 것이다. 모든 물체에 대한 진정한 감사는 평범함 속에서 특별함을 찾는 것이다.

정교회는 인류가 신과의 좋은 관계를 회복하는 것과 에덴이 살 때의 모습으로 세상을 회복시키는 것이 인류의 운명이라고 가르친다. 뉘우침을 통해 인간과 자연이 보살핌의 대상이 되고 창조적인 노력을 할 수 있게 된다. 그러나 회개는 정교회의 믿음의 기풍을 드러내는 온전하고 집약적인 계획을 동반해야 한다.

대개 개신교도들로 이루어진 세계교회협의회는 온전한 정교회의 참여와 함께 그들의 회원 교회들을 1990년에 정의, 평화 그리고 창조의 완전성이라는 주제에 대해 토의하기 위해 함께 모였을 때 다음을 발행하였다:

> 확언 7.
> 우리는 창조 세계가 하나님의 사랑을 받는 것임을 확언한다.
> 우리는 하나님께서 창조하신 세상은 그 자체로 부여받은 존엄성이 있다는 것을 확언한다. 땅, 물, 공기, 숲, 산, 그리고 인류를 포함하는 모든 생명체들은 신의 관점에서 선하다. 이런 창조의 온전함은 우리가 정의와 평화라고 인식하는 사회적인 면, 자연스러운 생태계의 스스로 재생되고 지속가능한 특성이라는 생태적인 면을 가지고 있다.

> 우리는 창조하신 어떤 것도 한낱 인간의 이용을 위한 자원일 뿐이라는 주장에 대해 저항한다. 우리는 인간의 이익을 위한 종의 멸종, 소비주의와 해로운 대량생산, 토지, 공기, 그리고 물의 오렴, 기후변화를 가속화시킬 수 있는 모든 인간 행위, 그리고 창조의 붕괴에 기여하는 정책과 계획에 저항한다.
> 따라서 우리는 우리가 그저 하나의 종에 불과한 창조의 사회 안에서 살고 있다는 점과 하나님의 언약 공동체의 일원으로써 헌신해야 한다. 미래 세대의 권래를 존중하고자하는 도덕적인 책임의식을 가지고 신의 일꾼으로 헌신해야 한다. 창조의 온전함과 그것의 신의 내재적 가치를 위해, 그리고 정의가 성취되고 지속되게 하기 위해 헌신해야 한다.

이러한 확언들에서의 암시는 인간의 이기심, 욕구, 어리석음, 지구의 너무 많은 부분을 파괴하고 죽음으로 몰아넣은 사악함이 있어왔다는 것에 대한 믿음이다. 이것은 또한 기독교인들의 이해의 핵심이다. 우리가 말할 수 있는 것은 인간은 신이 정해놓은 인생의 방식에 저항할 수 있는 유일한 종이다. 이러한 저항은 많은 형태를 띠지만 이들 중 하나는 다른 생명체들을 남용하는 것이다. 기독교인들은 인간 사이의, 그리고 다른 생명체들과의 사랑스럽고 적절한 관계를 방해하는, 인간이 가진 그리고 사회가 가지고 있는 외압에서부터 그들의 욕구를 해방시키는 것을 인지하도록 요구받는다. 지금까지 해왔던 것에 대한 회개의 필요성과 상황을 정말로 변화시킬 수 있는 변화에 대한 희망의 필요성은 동전의 양면이다. 다른 것이 없는 나머지 하나는 패배주의적이거나 낭만주의적이다. 이 둘 모두 이 세상에 매우 쓸모없다.

정교회는 이것을 그들의 신학의 구절 속에서와 창조에 관한 묘사 속에서 추구하고 있고 그들의 약속을 "정교회와 생태학적인 위기"라는 문서에서 표현한다:

> 우리는 반드시 창조자와 창조물과의 적절한 관계로 되돌아가기 위해 노력해야 한다. 이것은 마치 양치기가 큰 위험 속에서 그의 무리를 위해 그의 목숨을 내놓는 것과 같다. 따라서 인간도 자연세계의 존속을 보장하기 위해서 그들의 필요와 욕구를 내려놓을 필요가 있다. 이것은 새로운 상황이며 새로운 도전이다. 이것은 인류가 창조물을 즐기고 찬양하는 것과 더불어 그들의 아픔을 견뎌내는 것도 요구한다. 이것은 회개를 첫째로 우선시한다. 그러나 많은 이에 의해 이해받지는 못하였다(10-11).

자연과의 우리의 관계가 예전에 우리가 파괴를 위해 힘썼던 모델에서부터 희생하고 섬기는 힘쓰는 모델로 바꿀 수 있다는 희망이 있다. 다음은 성체를 할 때 사제의 모습을 이용한 것이다:

> 성체를 모실 때 사제는 창조의 완벽함을 주고 은총의 축복을 돌려받는다. 성별된 빵과 포도주의 형태고, 타인과 나누고 우리는 신의 영광의 통로가 되며 모든 생명체들과 구원을 나눈다. 인간은 명료하고 영광스러운 창조물의 완벽함의 표현 수단이며 모든 생명체들을 구원하는 신의 재림의 수단이다.

기독교인들에게 하나님 안에서의 사랑과 창조는 우리 인간들이 특별하고 우리가 또한 하나님의 창조물 중 그저 한 일부분이라는 것을 끊임없이 상기시킨다. 1991년 '성령이어 오라, 모든 창조를 재개하자.'라는 주제의 총회에서의 세계교회협의회의 보고서에 쓰인 말을 다시 한 번 인용하자면:

> 창조에서 성령으로 나타난 신의 출현은 우리 인간을 모든 생명체의 삶과 연결시켜준다. 우리는 하나님 앞에서, 그리고 생명의 사회 앞에서 책임이 있으며 책임은 다양한 형태로 생각되어진다. 종으로, 관리인으로, 책임자로, 농부로, 사제로, 양육자로, 공동 창조자로 생각될 수 있다. 이것은 동정심과 겸손과 존경과 숭배의 태도를 요한다.

어떤 기독교인들은 앞으로 나아갈 길이 독특한 가르침과 생활방식과 그들의 전통에 내재된 직관력의 재발견에 있다고 믿는다. 다른 이들은 그것이 기독교인들에게 의미하는 것이 무엇인지를 철저히 재고하는 것을 요구한다고 한다. 또 다른 이들은 몇 세기 동안 이어진 인간중심적인 기독교인의 가르침과 환경주의자들이 말하는 인간이 만든 세계의 상태에 대한 진실간의 통합이 매우 어렵다고 생각한다. 그들 모두의 핵심은 창조자이신 하느님에 대한 믿음에 있다. 그는 세상을 너무 사랑하신 나머지 그의 외아들을 세상에 보내셨다. 그를 믿는 자는 영원한 삶을 얻게 될 것이다(John 3:16).

우리가 이제는 알아차릴 수 있듯이, 과거에 우리는 영원할 삶을 얻는다는 약속은 오직 인간의 삶만을 포함한다고 교회에서 해석하였다. 기독교인들에게 주어진 과제는 인류 뿐 아니라 모든 다른 생명체들을 위하여 우리가 신과 함께 관리자, 사제, 공동 창조가 되어야 한다는 것이다. 그러나 우리는 그것들의 파괴의 원인이 되어 왔다. 그리고 새로운 삶의 방식을 찾아야 하며 기독교인이 된다는 것은 그 균형을 회복한다는 것이며 삶의 희망을 너무나 위태로워진 지구에게 주는 것이다.

10. 도교

베이징에 있는 백운관에 소재한 중국 도교 협회가 중국 본토에 있는 모든 도교인들을 대표했다. 이것은 협회에 의해 쓰여진 권위 있는 성명서이다.

도교는 기원전 770-221년 기간 동안 제자백가라고 알려진 것에 기초로 하여 나타났다. 동한시대(25-220년) 도교신자들의 조직으로부터 생겨나서 신앙은 거의 이천년의 역사를 가진다. 도교는 한 때 중국 전통 문화의 가장 주요한 구성요소였으며 이것은 또한 중국 사람들의 사고방식, 일하고 행동하는 방식에 지대한 영향을 끼쳤다. 모든 중국인들의 인식과 무의식 속에 도교의 사상이 다소 존재한다는 것은 과장된 말이 아닐 것이다.

깊은 문화적인 뿌리와 그것의 지대한 사회적 영향 때문에 도교는 이제 중국 안에서 가장 잘 알려진 다섯 종교 중 하나이다(나머지는 불교, 천주교, 이슬람교, 그리고 개신교이다). 도교의 영향은 이미 중국어권 세계를 초월하였고 국제적인 관심을 끌어왔다.

우리의 통계에 따르면 천 개가 넘는 도교 도관들이 현재 대중에게 열려있다.(이 수치는 대만, 홍콩, 마카오를 포함하지 않는다.) 그리고 약 만 명의 도교인들은 그런 사회에 살고 있다. 약 백 개의 도교 협회들이 중국 전역에 퍼져 있으며 중국 도교 협회와 연계되어 있다. 몇 대학들은 도교를 가르치기 위해 설립되었고 많은 서적들과 연구를 위한 학술지들, 그리고 도교의 가르침들이 출판되어왔다. 모든 도교인들은 도교가 더 발전하고 번영하도록 노력하고 있다. 그들은 대중들을 동원하고, 도교 전통 중 가장 좋은 것만을 물려주며, 인간사회에 도움이 되는 일을 한다.

모든 주요한 세계 종교들처럼 도교는 그만의 우주관, 인생관, 이상적인 덕목, 궁극적인 목표를 가지고 있다. 그것의 독특한 문화적 역사적 배경 때문에 그것은 자신만의 아주 독특한 특징들을 갖는다. 다음 두 계율들은 그런 특징들을 짧게 설명해준다:

1. 도를 섬기는 것을 모든 것보다 우선시하라.

도는 단순한 의미로 "길"이다. 도교는 도가 모든 것의 기원이라고 생각하며, 도는 모든 도교인들의 궁극적인 목표이다. 이것이 도교의 가장 근본적인 교의이다. 도는 하늘로, 땅으로, 그리고 인류로 가는 길이다. 도는 할머니 여신의 형태를 띤다. 그녀는 인류를 계몽시키러 지상으로 내려왔다. 그녀는 사람들에게 모든 것이 어떠한 방해 없이 그 자신의 방식대로 자라도록 두라고 가르친다.

이것은 행동을 취하지 않고 이기적이지 않은 방법이라고 부른다(無爲) 그리고 이 원칙은 도교인들에게 중요한 규칙이다. 이것은 그들에게 굉장히 깨끗하고 겸손하게 살아야 하며 그들의 물질적인 삶에서 개인적인 소유를 위해 타인과 다투지 말라는 것을 가르친다. 이런 덕목은 오랫동안 도교의 신자들에게 이상적인 정신적 세계가 되어왔다.

2. 생명에게 지대한 가치를 부여하라.

도교는 불멸을 추구한다. 도교는 삶을 가장 귀한 것이라고 여긴다. 도사 장도릉(장릉-기원 2세기)는 삶은 도의 또 다른 표현이며 도의 연구는 어떻게 한 사람의 일생을 연장시키는가를 연구하는 것을 포함한다. 이 원칙을 염두하고 많은 도교인들은 이러한 점에서 상당한 연구를 해왔다. 그들은 삶은 하늘에 의해 조정되는 것이 아니라 인간 자신에 의해 조정된다고 믿는다. 사람들은 절제와 운동을 통해 그들의 인생을 늘릴 수 있다. 이러한 운동은 정신적이고 신체적인 면 모두를 포함한다. 사람들은 그들의 의지를 견고하게 해야 하고, 이기심을 버려야 하며 명예를 추구하며 좋은 일을 행하고 도덕의 모범상이 되어야 한다.

도교는 덕의 강화는 기본전제이며 다오를 수행하는 첫 목표라고 생각한다. 불멸의 달성은 가치있는 행동들을 행함으로써 주어지는 신의 선물이라 생각한다. 인생에 대한 도교의 철학과 방법에 따라 더 높은 도덕성을 가지고 더 체계적인 훈련을 하면 사람들은 충분한 인생의 가치를 가질 수 있고 그들의 모든 생애동안 필요한 에너지를 얻을 수 있다. 도교신자들의 불멸을 얻기 위한 훈련은 실제로 매우 효과적임을 증명한다. 그것은 사람들을 젊고 건강한 상태로 유지시켜준다. 그러나 간과될 수 없는 한 가지 점이 있다: 평화롭고 조화로운 자연환경이 중요한 외부 조건이다.

자연에 대한 도교신자들의 생각

세계의 환경적인 위기가 심해지면서 더 많은 사람들이 그 문제가 단지 현대 산업과 기술로 인해 생긴 것이 아니라 사람들의 세계관, 그들의 가치관, 그리고 그들의 인식구조와 깊은 연관이 있음을 깨닫고 있다. 어떤 사람들은 인간과 자연 사이의 관계가 매우 불균형하고 부조화한 것이라고 인지한다. 또한 그들은 인간의 의지와 영향력을 과도하게 강조하는 사고방식을 가지고 있다. 사람들은 자연이 탐욕스럽게 이용되어도 된다고 생각한다.

이러한 철학은 현재 심각한 환경적 생태학적 위기의 사상적인 근원이다. 한 편으로는 그것은 높은 생산성을 가져 왔으나, 다른 한 편으로는 그런 철학으로 인해 소유의 중요성이 심하게 과장되어졌다. 지구의 파괴를 직면하고 우리는 이런 사고방식에 대해 철저한 자기반성을 해야 한다.

우리는 도교가 현재 만연한 가치들의 단점들을 상쇄시켜줄 수 있는 가르침을 가지고 있다고 믿는다. 도교는 인류는 우주에서 가장 지능적이고 창조적인 존재로 본다.

인류와 자연의 관계의 방향을 제시해 줄 네 개의 주요한 원칙들이 있다:

1. 도교의 기초적이고 전통적인 도덕경에서는 이러한 문장이 있다: "인간은 땅을 따르고 땅은 하늘을 따르고 하늘은 도를 따르고 도는 자연스러움을 따른다." 이것은 모든 인류가 땅의 중요성을 따라야 하며 그것의 움직임의 규칙을 따라야 한다는 것을 의미한다. 땅은 하늘의 변화를 존중해야 하며 하늘은 도를 따라야만 한다. 그리고 도는 모든 것의 자연스러운 발달과정을 따라야 한다. 따라서 우리는 인간이 자연에서 할 수 있는 것은 모든 것이 그들 자신만의 방식대로 자랄 수 있도록 돕는 일이라는 것을 알 수 있다. 우리는 인간의 마음을 자연과의 관계에서 '행동하지 않는' 방식으로 배양시켜야 하며 자연을 있는 그대로 두어야 한다.
2. 도교에서 모든 것은 음과 양이라는 두 가지 반대 힘으로 이루어져 있다.

   음은 여성, 차가움, 부드러움 등을 대표한다. 양은 남성, 뜨거움,

견고함 등을 대표한다. 이 두 가지 힘이 모든 것 안에서 끊임없이 힘겨루기를 한다. 우리가 조화에 다다를 때 생명의 기운이 생긴다. 우리는 이러한 점에서 자연에게 조화란 얼마나 중요한 것인지를 알 수 있다. 이런 점을 아는 사람은 지성적으로 행동할 것이다. 그렇지 않으면 사람들은 자연의 법칙을 어기게 되고, 자연의 조화를 깨뜨리게 된다.

보편적으로 자연을 대하는 두 가지 태도가 있다고 또 다른 도교의 고전, '포박자'는 말한다. 하나의 태도는 자연을 온전히 이용하는 것이고, 다른 하나는 자연을 관찰하고 그것의 방식을 따르는 것이다. 인류와 자연의 관계에 대해 오직 표면적인 이해만 한 사람들은 무분별하게 자연을 이용할 것이다. 이 관계에 대한 깊은 이해가 있는 사람들은 자연을 소중히 다루고 그것으로부터 배울 것이다. 예를 들어 어떤 도교신자들은 학과 거북이의 행동방식을 연구했다. 그리고 그들의 모습과 방법을 모방하여 그들만의 구조를 세웠다. 장기적으로 봤을 때 자연의 과도한 이용은 재앙을 불러오고 인류의 멸망을 가져올 것이라는 것은 명백하다.

3. 사람들은 자연의 지속가능한 힘의 한계에 대해 온전한 인식을 가져야 한다.

그래서 그들이 그들의 발전을 추구할 때 그들은 성공의 기준을 고쳐야 한다. 만약 어떠한 것이라도 자연의 조화와 균형에 반한다면 설령 그것이 막대한 이익을 가져온다 할지라도 사람들은 자연이 나중에 줄 재앙을 막기 위해서라도 그것을 하지 않도록 스스로 막아야 한다. 덧붙여서 충족될 수 없는 인간의 욕망은 자연자원의 과도한 이용으로 이어질 것이다. 그래서 사람들은 과유불급을 잊어서는 안 된다.

4. 도교는 다른 종들의 수로 풍부함을 판단하는 독특한 가치관을 가지고 있다. 만약 우주의 모든 것들이 잘 자란다면 사회는 풍부해진다. 그렇지 않으면 왕국은 쇠퇴하게 된다. 이러한 관점은 정부와 사람들이 자연을 더 잘 보살피도록 장려한다. 이러한 생각은 도교가 자연 보존에 주는 특별한 기부이다.

종합하자면 많은 도교신자들의 생각들은 현 세상에 긍정적인 중요성을 띤다. 우리는 이러한 인류에게 도움이 되는 모든 종교의 생각들이 더욱 촉진되길 진심으로 바란다. 또한 인간과 자연 사이의 조화로운 관계를 형성할 수 있는 데 쓰이길 바란다. 이런 방법으로 영원한 평화와 발전이 이 세상에 유지될 수 있을 것이다.

11. 힌두교

이 성명서는 힌두교 백과사전의 편집장인 라오(Sheshagiri Rao) 박사, 인도 유산 연구재단의 설립자이자 파마스 니케탄 아쉬람의 정신적인 지주인 사라스바티(Swami Chidananda Sarasvati), Shri Radharaman 사원의 비슈누파(Vishnu신을 찬양하는 파)의 아차리아(힌두교의 스승이라는 뜻)이자, 브린다반 보존 프로젝트의 수장인 Shrivatsa Goswami, Madhvacharya 비슈누파의 아차리아이자 Udupi지역, Visva 힌두교 지방의회 중앙 자문 위원회 멤버인 스와미 비베카난다 터사(Swami Vibudhesha Teertha)에 의해 쓰여졌다.

이 성명서는 베다-힌두교에서는 West라고 알려진-의 생각에서 주요한 가닥을 반영하는 세 가지 부분으로 구성되어 있다.

균형을 유지하기-Swami Vibudhesha Teertha

요즘은 마치 인간이 지구의 특정한 자연조건이 생명체를 존재하게 할 수 있고 인간의 수준으로 진화하게 할 수 있다는 것을 잊은 것만 같다. 인류는 이러한 우리의 존재와 모든 다른 형태의 존재들이 의존하는 자연조건을 방해하고 망가트리고 있다. 이것은 마치 목수가 자신이 앉아있는 가지와 기둥을 베는 행위와 같다. 힌두교에 의하면 “dharanath dharma ucyate”-모든 종류의 생명을 유지하고 그들 간의 모든 조화로운 관계를 유지시키는 것은 다르마(진리)이다. 그러한 생태를 방해하는 것이 아다르마이다.

힌두교는 신자들이 단순한 삶을 살기 원한다. 사람들이 그들의 물질적 욕구를 증대시키는 것을 허락하지 않는다. 사람들은 정신적인 행복감을 즐기는 것을 배워야 하며 그래서 만족감과 성취감을 느껴야 한다. 그들은 물질적인 기쁨을 좇을 필요가 없으며 자연의 균형을 방해할 필요도 없다. 그들은 소의 젖을 짜고 즐기며, 자연섭리에 의하면 가능하지 않은 것을 즐기려는 욕심으로 인해 소의 젖을 자르지 않아야 한다. 기름, 석탄, 숲 등 자연에게 속한 것은 어떠한 것도 네가 그것을 다시 채울 수 있는 것보다 더 많은 양을 이용하지 않는다. 예를 들어 새, 물고기, 지렁이, 그리고 박테리아조차도 중요한 생태적인 역할을 가지고 있다. 그렇기에 그들이 한번 전멸되면 너는 그들을 다시 되돌릴 수 없다. 따라서 너만이 파멸을 막을 수 있고 생명의 순환은 긴 긴 시간동안 지속될 수 있는 것이다.

"생태를 보존하거나 죽는다."는 Bhagavad Gita의 메시지이다. Sri Krishna와 Arjuna의 대화는 생명과학에 대해 간결하고 명쾌하게 말해준다. 이것에 대해서는 생태의 보존을 위한 기여가 없는 삶은 죄악의 삶이며 특정한 목표나 쓸모가 없는 삶이라고 말하는 이 위대한 업적의 세 번째 장에서 이야기할 것이다. 생태적인 순환은 3:14-16에 설명되어 있다:

> 생명체는 비로부터 생산되는 식용곡물로 살아간다. 비는 yajna의 수행으로부터 생산되며 yajna는 규정된 의무에 의해 태어난다. 지정된 행동들은 Vedas에 의해 규정되며 Vedas는 신의 최고의 인격으로부터 직접적으로 나타난다. 결과적으로 만연한 초월성은 영원히 희생의 행위에 위치하고 있다. 나의 사랑하는 아르주나는 희생의 순환을 따르지 않아서 Vedas에 의해서 설립되었고 죄로 가득한 인생을 살았다. 이런 죄악들의 만족을 위해 사는

사람은 헛됨 속에서 살 뿐이다.

인생은 다른 종류의 음식에 의해 지속되고, 비가 음식을 만든다. 시기적절한 구름의 움직임이 비를 불러오고, 구름을 제 시간에 움직이기 위해 종교적인 희생인 야즈나(yajna)가 도와준다. 야즈나는 제사의식을 통해 행해지며 그러한 행위는 오직 신의 손에 달려있다. 신은 베다스(Vedas)를 통해 드러난다. 베다스는 인간의 마음에 의해 보존되며 인간의 마음은 음식으로 채워진다. 이러한 순환은 이 세상에 있는 모든 형태의 삶의 존재를 도와준다.

이 순환의 유지를 위해 기여하지 않는 자는 이곳의 모든 삶의 파괴자로 간주된다. 신께서 생명을 창조하고 싶으셨을 때 그는 해, 달, 지구를 만드셨고 그것들을 통해 생명이 탄생할 수 있는 적합한 기후를 만드셨다. 따라서 해, 달, 지구, 별, 그리고 우주에 존재하는 모든 물체들은 개별적으로가 아니라 유기적으로 되어 있으며, 그들은 우주의 모든 것들의 창조, 유지, 파괴를 위한 기후를 조성한다. 지구는 아이들을 생산하기 위해 생긴 태양의 유일한 딸이다. 달은 그 아이들이 존재하고 진화하기 가장 알맞은 기후를 만드는 데 필수적이다. 이는 달이 우리의 강과 바다의 밀물과 썰물에 영향을 주기 때문이다. 이것은 또한 바가바드 기타(Bhagavad Gita)에 나와 있다:

나는 달이 되었고 모든 채소들의 생명의 물을 제공한다.

우리는 이러한 달의 생명에의 영향력을 반박할 수 없다. 달의 움직임에 따라 이 지구의 모든 액체가 움직인다는 것은 증명되었다. 따라서 전체적인 생태계는 반드시 보존되어야 한다: 그저 부분적인 것은 충분하지 않다.

힌두교는 매우 자연과 가까운 종교이다. 힌두교는 신자들에게 우주에 있는 모든 물체에서 신을 만나라고 요구한다. 공기, 물, 불, 해, 달, 별, 지구에 있는 신을 숭배하라는 것은 특히 더 권고된다. 지구는 신의 배우자로서 숭배된다. 따라서 신과 매우 가깝다. 지구에 있는 모든 생명체들은 신과 지구의 자식이라고 생각한다.

Sri Krishna가 바가바드기타에서 말하길,

> 나는 우주에 만연하다. 모든 우주에 있는 물체들은 화관의 실 위에 진주들이 놓여있듯이 나에게 기대어 쉰다.

우파니샤드는 우주를 창조하고 난 후에 창조자는 모든 물체들 간의 상호 관계를 유지하도록 돕기 위해 그들 속으로 모두 들어가셨다고 말한다. 우파니샤드는 "tat sristva ta devanu pravisat"이라고 말한다: 우주를 만든 후 그는 만든 모든 물체 안으로 들어갔다. 따라서 이들의 상호관계성을 유지시키는 것에 기여하는 것이 바로 신을 숭배하는 것이 된다. 힌두교인들은 모든 식물들과 동물들에게 영혼이 있다고 믿는다. 설령 음식을 위해 식물과 동물을 죽였더라도 그 사람은 속죄를 해야 한다. 이러한 매일같이 일어나는 속죄를 비스바데바라고 부른다. 비스바데바는 창조자를 위해 음식을 준비하고 그의 허락을 구하는 것이다.

힌두교는 소를 보호하는 것을 매우 중시한다. 모든 힌두교인들의 집에는 소가 있고 그들은 숭배된다. 소는 인간의 위대한 친구다. 소는 그들의 우유를 통해 우리에게 영양을 제공하고 우리의 식량을 기르기 위한 거름을 제공한다. 소는 어떠한 추가적인 요구 없이 그것들을 한다. 우리의 식량을 기르는 동안 그들은 사료를 먹고 산다. 선진국에서는 화학적인 비료로 기른 음식을 먹는 것의 해로운 영향들을 깨닫기 시작했다. 우리가 화학비료를 쓸 때, 상토는 그것의 비옥함을 잃는다. 현 세대는 토양의 모든 비옥함을 다 써버려서 다음 세대에게 황폐한 땅을 남길 권리가 없다.

열등한 생명은 없다. 모든 생명들은 우주에서 똑같이 중요하며 그들의 정해진 역할을 한다. 그들은 함께 기능을 하며 그 일련 중 어떠한 연결고리도 없어져서는 안 된다. 만약 어떤 연결고리가 사라졌다면 생태적인 균형 전체가 악영향을 받는다. 곤충, 새, 그리고 동물들 등 모든 종류의 생명은 생태학적인 균형의 유지를 위해 기여한다. 그러나 이를 위한 인간의 기여는 무엇인가? 우리는 지능 있는 동물이다. 따라서 우리의 기여는 가장 커야 한다. 그러나 우리의 기여는 부재한다. 반대로 우리는 다른 생명체들에 의해 만들어진 기여들의 이익을 무색하게 만들고 있다. 우리는 우리의 물질적인 기쁨을 위한 욕심과 권력을 향한 광기 때문에 균형을 망가트리고 있다. 우리는 화학적 비료와 살충제를 사용하면서, 지렁이와 박테리아가 토양의 비옥함을 유지하기 위해 기능하는 것을 막는다.

우리는 무분별하게 식물과 숲을 망가트리고 생명의 존재를 위해 필수적인 산소를 공급하는 식물들을 방해한다. 식물들과 숲을 파괴함으로써 우리는 대기 중에 치명적인 이산화탄소를 증가시키고 있다. 우리는 모든 기계류를 위해 기름을 태움으로써 대기를 오염시킨다. 우리는 다양한 기계와 장비를 작동시키느라 해로운 소리를 만들고, 그것은 소음이 된다. 강둑에 마을과 도시를 건설하면서 우리는 강의 모든 물을 더럽혔다. 힌두교는 모든 강이 신성하다고 생각한다. 그들을 오염시키는 것은 큰 죄악이다. 힌두교는 약학 성분이 풍부하게 함유하고 있는 Tulasi, Neem, Peepal과 같은 나무를 심도록 한다.

현자는 브라마, 창조자에게 탯줄을 준다. 그리고 우주를 유지하는 비슈누에게 심장을 준다. 파괴의 신 시바는 뇌를 조정할 수 있다. 이렇게 함으로서 그들은 우리가 심장의 언어만이 우리를 유지시켜준다는 것을 알기 원하였다. 우리가 마음의 언어로 말하기 시작할 때 우리의 붕괴는 피할 수 없게 된다. 따라서 생각하는 동물은 그것의 정신적인 능력을 쓸 때 매우 조심해야 한다.: 이들은 정신적인 배경이 있을 때만 적용된다. 마음은 우리의 친구처럼 행동하고 우리의 적처럼 행동하지 않는다. 그것은 우리의 통제 하에 기능해야 한다. 우리는 그것의 통제에 굴복해서는 안 된다. "Mana eva manusyanam karanam bandha moksayoh": 인간에게 마음은 속박의 원인이고 마음은 자유의 원인이다(감로 Bindhu의 우파니샤드 2).

인류의 창조에는 목적이 있었을 것이다. 그것이 무엇일까. 우리는 지구상에 잇는 수많은 생명체 사이에 있는 상호관계의 유지자가 되어야 한다. 우리는 신과 모든 물체를 생태학적인 균형의 조정자와 유지자로 볼 수 있다. 모든 다른 동물들은 그들이 무엇을 하는지 알지 못한 채 그들의 역할을 하고 있으나 우리는 모든 것을 완전한 인지를 가지고 할 수 있다. 신은 우리의 마음을 그 자신의 투영을 거울에 비친 것처럼 보라고 만드셨다. 우리의 마음은 신을 향해 명상할 수 있고 그를 점점 더 알 수 있다. 우리가 신의 존재에 대한 인식을 발달시키고 우주에서 그의 끊임없는 축복의 드러냄을 인지할 수 있다면 우리는 그에 대한 깊은 사랑을 키울 수 있다.

이러한 사랑을 즐기기 위해서 신은 우리는 만들었다. 우리는 단지 시공간의 개념을 가지고 있을 뿐이다. 따라서 우리는 존재하는 시공간 속에서 신에게 부여받은 가장 큰 혜택인 생태적인 균형을 보존함으로써 신을 볼 수 있다. 우리가 다른 동물들이 하는 것과 같은 방식으로 보존에 기여할 수 는 없지만 우리는 모든 생명체들과 다른 우주의 물체들이 신을 사랑의 기도를 통해 경배함으로서 그들의 역할을 더욱 효과적으로 수행할 수 있도록 도울 수 있다. "Yavat bhumandalam datte samrigavana karnanam, tavat tisthati medhinyam santatih putra pautriki." : 지구가 그녀의 숲과 야생동물을 보존하는 한 우리의 자손들은 계속해서 존재할 것이다. 이것이 힌두교의 생태 보전에 대한 접근이다.

희생과 보호-Dr. Sheshagiri Rao

희생

창조자는 처음에 희생을 하며 인간을 창조했다. 그리고 말했다. "이로 인해 너희는 자손을 퍼트릴 것이다. 이것이 너의 수많은 소가 되고 네가 원하는 만큼의 우유를 제공할 것이다. 희생으로 너희는 신들을 키울 것이며 신들도 너희를 키울 것이다. 따라서 너희는 최상의 선을 달성할 것이다(Bhagavad Gita 3:10-11).

희생은 제사 숭배만을 뜻하지 않는다.-이것은 생명의 보호의 행위의 뜻을 가진다. 개인적인 건강은 눈, 귀, 그리고 다른 감각기관들이 조화롭게 작동하는 것에 달려있다. 인간의 번영과 행복은 질서 있는 사회와 자연에 달려있다. 우주는 태양과 달이 조화를 이루어 작동하는 우주의 힘으로 유지된다. 희생은 우주적인 안정성과 사회적인 질서를 확고하게 함으로서 세상을 유지하는 힘을 불어넣는다. 이것은 우주의 긍정적인 힘을 활성화시키며 지구를 파멸로부터 보호한다.

비폭력

신의 창조는 신성하다. 인류는 인류가 창조할 수 없는 것을 파괴할 수 있는 권리를 가지고 있지 않다. 인간은 생명체 전체의 상호연결성을 깨달아야 하며, 스스로, 사회가, 그리고 세계가 도덕적인 책임감을 가져야 한다는 것을 강조해야 한다. 우리의 우주여행에서 우리는 셀 수 없이 많은 탄생과 죽음에 관여해왔다. 더 높은 형태로 진보하거나 더 낮은 형태로 퇴행하는 것은 우리의 전생에 지은 선행과 악행에 의해 결정된다. 친척관계는 모든 형태의 삶 사이에 존재한다. 환생은 우리에게 우리보다 못한 형상을 띤 생명체를 잔인하게 다루지 말라고 경고한다.

소 보호

인간은 낮은 형태의 인생에서부터 진화해 왔다. 그러므로 그들은 모든 생명체들과 관련이 있다. 소 보호의 원칙은 인간이 인간 밑 세상에 대한 책임을 상징화한 것이다. 이것은 또한 모든 형태의 삶에 대한 숭배를 뜻한다. 소는 그의 일생에 걸쳐, 심지어 죽은 후에도 인간을 이롭게 한다. 소의 젖은 우리의 피 속에 흐른다. 가족과 사회의 안녕에 대한 소의 기여는 무궁하다. 힌두교인들은 매일같이 소의 번영을 위해 기도한다. 소가 보살핌을 받을 때 이 세상 모든 단계에 있는 생명체들이 행복과 평화를 찾는다.

어머니로서의 지구

힌두교인들은 지구를 어머니처럼 숭배한다. 그녀는 우리에게 음식과 보금자리와 옷을 제공한다. 그녀 없이는 우리는 생존할 수 없다. 만약 우리가 자식된 자들로서 그녀를 보살피지 않는다면 우리는 그녀가 우리를 돌봐줄 능력을 줄이는 것이다. 불행하게도 지구 스스로는 우리의 과학적이고 산업적인 성공들에 의해 약화되고 있다.

가족 붕괴-Shrivata Goswami

하늘과 지구와 대기와 물과 허브와 식물과 신과 브라만에게 평화가 있기를. 모든 것이 평화 안에 있기를. 오직 그때 우리는 평화를 찾을 수 있다.

힌두철학에 따르면 인간생애의 목표는 평화의 상태를 깨닫는 것이다. 다르마는 평화를 온전히 깨달을 수 있는 원천이다. 이 평화는 죽음의 정적이 아니다. 이것은 다양한 생명의 면들 속에 있는 역동적인 조화이다. 인류는 자연세계의 일부로서 이런 자연 조화에 다르마를 통해 기여할 수 있다.

인류와 자연세계의 에너지 흐름 속에 존재해야 하는 자연적인 조화는 지금 인간이라는 가장 사악한 게임 참여자에 의해 깨지고 있다. 전체적으로는 이 게임은 우리에게 양식을 제공하지만 우리 자신의 자연적인 한계를 무시한다면 우리는 이 양식의 원천을 파괴할 것이다.

생태학적인 게임과 놀이적인 생태를 인식하는 것은 인간의 관계에서 우정과 게임을 위한 필요를 인식하는 것과 다르지 않다. 이러한 관계에 있는 양식을 얻는 가족들의 구성원은 인간에게만 한정되어있지 않다. 인간의 아이가 어머니인 자연에 의해 영양을 받듯이 인간의 정신이 아름다운 자연에 의해 품어지고 사랑받듯이, 늙고 병든 인간도 보살핌의 자연에 의해 지원받아야 한다. 만약 인간이 어머니를 쇠약하게 하고 아름다움을 강탈하며 보살핌의 자연을 억제한다면 어떤 일이 생길까? 관계는 붕괴되고 가족은 망가진다.

산스크리트어로 가족은 parivara이며 환경은 paryavarana이다. 만약 우리가 환경을 우리의 집처럼 생각하고 모든 구성 요소들을 우리의 가족이라고 생각한다면 자연을 보존하는 것의 핵심은 헌신, 사랑, 주는 것과 섬기는 것임이 분명해진다. 자연, 프라크리티(본질-prakriti)는 여성이 주고 섬길 수 있는 것과 같다.

그러나 인류, 참된 자아의 역할은 보호받는다. 요즘에 참된 자아, 인류는 보호에는 관심이 없고 이용에만 관심이 있다. 따라서 본질, 자연은 그녀를 스스로 방어해왔다. 이것이 우리가 가뭄, 홍수, 허리케인 등 자연이 성난 모습을 본 이유이다. 만약 우리가 어머니의 자궁을 강간하면 그녀는 경련을 일으킨다. 그리고 우리는 그녀를 무시무시한 지진을 일으켰다고 탓한다. 만약 우리가 그녀의 풍성한 머리카락, 아름다운 피부를 없애버린다면 그녀는 우리를 음식과 물을 제공하지 않는 형태로 벌준다.

우리가 가족 안에서, 그리고 환경 속에서 우리의 관계를 파괴했다는 것을 무시했기에 그 무시는 우리의 고통의 근본이 되었다. 이러한 무시를 없애는 가장 좋은 방법은 잘못된 것을 잊는 것이다. 이러한 잊음은 학교에서 뿐 아니라 가족과 사회 안에서 형성되며 아주 어릴 때부터 시작해야 한다.

전통적인 힌두 교육은 경제, 정치, 문화, 그리고 종교적인 모든 인생의 면을 다룬다. 우리가 크리슈나, 혹은 차이타니아 혹은 간디에 대해 알아본다면, 우리는 그들이 경제적인 것 혹은 정치적인 것, 종교적인 것 또는 문화적인 것 사이에 확실한 구분을 긋지 않았다는 것을 알 수 있다. 신체와 마음은 심장의 종이다. 같은 방법으로 정치학과 경제학은 종교와 문화에 근거하며 궁극적으로는 정신적인 경험에 의해 이끌어진다.

12. 이슬람교

마호메트 Hyder Ihsn Mahasneh는 생물학자이자 이슬람교 학자이자 케냐 국립공원관리청의 첫 아프리카인 수장이었다. 그는 세계무슬림연맹으로부터 이 성명서를 제출하도록 지목받았다.

인류의 종교에 대한 원초적인 개념은 환경과 관련이 있다. 지구상에서 인간의 역사는 지질 연대로 보면 매우 짧다. 지구는 단지 삼백팔십 억 년 정도 존재했을 뿐이다. 인간은 백만 년 혹은 기껏해야 이백만 년 정도의 역사를 가진다. 지구의 대부분의 물리적인 패턴은 광범위하게 말하자면 인류가 진화할 때까지 일정하게 유지되었다. 그들이 처음에 본 것을 제외하더라도 그들은 스스로 엄청난 변화를 봐왔다. 그들은 최소한 하나의 빙하시대를 거쳐 왔고 몇몇의 지질학적인 화산폭발을 보았다. 그들은 그 결과를 피할 수 있을 것이라 생각했다. 그러므로 환경은 초원적인 존재인 신을 처음 생각해내도록 유도하였고, 그것이 인간의 당면한 주변 환경 속에 징후들로 들어있다고 생각했다.

환경은 또한 인간과 자연 관계의 또 다른 관점을 제공했다. 주어진 환경에서 살아남기 위해서 인간은 환경으로부터 취한 것에 적응해야 했고 매년 환경이 그들에게 지속적으로 제공해줄 수 있는 양에 적응해야 했다. 이것은 초기 인간은 일찍이 보존하는 법을 배웠다는 것을 뜻한다. 그들이 경작할 수 있는 것보다는 이용 가능한 것에 대부분 의존하면서 그들은 환경에 협조하기 시작했다. 환경의 재생력 범위 이상의 것을 취하는 것은 멸종이라는 심각한 결과로 이어질 수 있다. 이것은 분개한 신이 내리는 가혹한 응징이다. 절제하는 태도를 가지고 자연을 이용하는 것은 지속적인 수확을 가지고 오고, 이것은 신을 기쁘게 한 것이라 여겨졌다.

이러한 보존과 종교의 관계는 따라서 자연스러운 것일 뿐 아니라 속담처럼 오래되었다. 그러나 우리가 지구상의 인류 역사를 빠르게 넘겨, 지난 300년을 살펴보면, 우리는 산업혁명의 도래를 찾을 수 있다. 산업혁명은 매우 짧은 시간 안에 많은 양의 물건을 생산해낼 수 있게 했다. 그것은 완성품을 만들어 내기 위한 공장에 점점 더 많은 양의 원료를 공급해야 한다는 것을 뜻했다. 산업혁명의 결과는 경제적, 사회학적, 환경적으로 아주 다양했다. 지난 백 년 간 인류의 물질적 성취는 그 전 모든 문명이 만들어 낸 것의 합보다 많다. 산업 혁명은 유럽에서 18 세기에 일어났으며 19 세기에는 높은 사회적 환경적인 대가 요구했다. 이제 이 대가는 전 세계의 도심지에서 점점 더 높아지고 점점 더 폭넓어졌으며 명확해졌다. "진보"와 역설적으로 오늘날은 복잡한 소비 사회와 인류의 파멸간의 상호관계를 쉽게 알 수 있다. 혹은 John Seymour가 이렇게 말했다:

> 우리는 이제 어디를 둘러보나 오만함에 눈이 멀고 미치지 않고서는 할 수 없는 짓을 하는 인간을 마치 신처럼 추앙하는 사람들을 볼 수 있다. 자신들이 마치 전지전능한 신인 양 믿는 미친 사람들이 많다.

산업혁명은 또한 '부'라는 새로운 신의 부활을 선포했다. 부와 그것의 추종자들은 유감스럽게도 환경적인 온전함에 대한 존중이 전혀 없다. 지난 이백 오십 년 간 오염되지 않은 자연 지역이 만족할 줄 모르는 산업적인 광기와 그의 소비주의를 채우기 위해 엄청나게 훼손되고 파괴된 것을 보아왔다. 숲, 특히 열대우림은 차례차례 베어져나갔고, 해양은 마구 파헤쳐졌고, 땅의 기능은 식량 생산을 위한 무기화학비료와 살충제에 완전히 의존하게 되었다. 엄청난 폐기물은 해양에, 강에, 호수에, 땅에 매립되었다.

우리는 또한 현 세기의 "비견할 수 없는 물질적인 진보"에 주목해야 한다. 이것은 우리가 자주 언급하였던 말인데, 사실은 이것은 소수에게만 가능한 개념이다: 북반구의 인구와 남반구중 극히 적인 인구만을 포함한다. 이것은 다시 말해서 오직 25 %의 전 세계 인구가 전 세계 자원의 75%를 소비를 하고 있다는 것이다. 이러한 소수에 의한 소비 비율은 기후변화, 생태계붕괴, 그리고 종의 별종을 불러왔다. 세계자연기금(WWF)의 보고서에 따르면:

> 전 세계적인 생물다양성의 손실, 지구온난화, 그리고 다른 인간 압력들은 향후 몇 십 년 간 보존에 있어서 가장 큰 도전과제가 될 것이다.

이것은 "북"쪽이 나머지 소비자들보다 한 발 앞서가고 있고, 나머지 75 % 인구를 밀어젖히고 소비 패턴을 유지하고 있으므로 그들이 지금껏 해온 노력과는 매우 상반된다고 결론지을 수 있다. 이러한 시나리오를 볼 때, 만약 동유럽이나 러시아나 인도나 중국이 그들의 삶의 기준을 높이는 데 성공하여 이 소비 비율을 몇 퍼센트라도 높인다면 그 결과는 지금도 이미 심한 위기상태인 지구의 생태계를 완전한 재앙에 빠뜨리는 일이 될 것이다.

이것은 상대적으로 고대의 신자들과는 반대되는 배경이다. 환경적으로 의식이 있고 신이 재평가하고 그들 각자의 종교 관점으로부터 환경적인 온전함에 기여하는 바를 다시 말하기 위해 모였다. 우리가 해야 할 일은 이슬람교에서 말하는 보존의 토대를 살펴보는 것이다.

이슬람교와 보존

개별적으로 볼 때는 마치 이슬람의 원칙들 중에는 보존과 관련이 있는 것이 거의 없어 보인다. 그러나 이어서 전체를 살펴볼 때는 보존에 관한 이슬람교의 명백한 개념을 찾을 수 있다. 우리는 이러한 원칙들에 대해 간략하게 주석을 달 것이다.

Tawheed(타우히드)

보존과 관련한 첫 번째 이슬람교 원칙은 유일신 알라, 혹은 타우히드이다. 이 원칙은 이슬람교의 절대적인 근간이다. 모든 무슬림들은 유일신 알라를 믿어야만 한다. 선지자 무하마드의 초기 설교의 2/3에 해당하는 Ulamaa에 의해 언급되었고, 코란 그 자체도 이 유일신 알라를 지지하는 데 온전히 헌신한다. 무슬림에게 각각의 특성에 따른 분리된 신들은 없으며 무슬림은 우주의 신이고 단 하나의 보편적인 신에게 속해있다는 것을 뜻한다.

타우히드는 이슬람교의 유일한 원칙이며 "알라 외에 다른 신은 없다"라는 것을 선언하며 시작된다. 우리는 처음부터 관련이 있기에 존재했고, 이것은 단 하나의 절대적이고 영원하고 모든 힘을 가진 창조자가 있다는 뜻이다. 유일한 창조자는 이슬람의 기반이 되고, 모든 다른 개념들은 여기에서부터 나온다.

모든 생명체의 통일과 서로 맞물린 자연의 질서는 태고의 증거이며 인간은 본질적으로 그 부분이다.

코란에 쓰인 신의 말씀:

112.001. 말하라: 그는 알라이며 하나이며 유일하다;
112.002. 알라는 영원하고 절대적이다;
112.003. 그는 낳는 자도 아니며 낳아진 자도 아니다;
112.004. 그리고 그와 비슷한 존재도 없다.

신은 존재하고, 절대적인 생각이나 개념이 아니다. 그는 하나이며 모든 생명체들의 변치 않는 안식처이다.

인간과 신의 관계

타우히드에서 강조하는 점은 그 자체로 중요하다는 것이다. 그러나 무슬림과 알라신의 관계를 정의하는 현재의 논쟁에 더욱 관련이 있다. 전지전능한 알라신은 무슬림의 알라신과의 관계는 합이라는 것이다. 오직 그에게 인간들은 물리적 것부터 정신적이고, 영혼적인 것까지 그들의 모든 필요를 구해야 한다. 알라신은 다른 방법은 허락하지 않는다. 그가 코란에서 말한다:

004.048. 알라는 그의 유일함을 부정하는, 그와 대적할만한 파트너를 절대로 용서하지 않는다. 그러나 그 외의 것은 용서한다. 알라신의 파트너를 생각한다는 것은 가장 극악한 죄다.

그러나 알라는 하나의 개별적인 신이며 우주의 통치자일 뿐 아니라 전 세계적인 신이다.

001.002. 세상의 왕인 알라를 경배하라.

그리고:

006.071. "알라는 유일한 안내자이며 우리는 세상의 왕에게 우리를 바치려 인도되었다.
006.072. 알라에게 규칙적인 기도를 바치고 두려워하라; 그를 위해 우리는 모여야 한다.
006.073. 하늘과 땅을 만든 자는 그다.: 그가 "Be"라고 말한 것을 보아라. 이것이다. 그의 말은 진실이다. 그의 의지가 지배할 때 승리의 트럼펫이 불어질 것이다. 그는 명백한 것들 뿐 아니라 보이지 않는 것까지 알고 있다. 그는 모든 것에 대한 지혜를 가졌기 때문이다.

알라에게 모든 땅과 하늘이 속해있다

이슬람교의 근간이 되는 다른 원칙들도 자연의 보존에 기여하며, 땅과 하늘에 존재하는 자연자원들은 생물이든 무생물이든 그들에 대한 신의 소유권의 원리 그 자체이다. 코란에는 이것에 대해 언급하는 수많은 구절들이 있다. 그들 중 몇 개를 제시한다.

Ayatul Kursiyy:

002.255. 알라! 그는 살아있고, 스스로 영원히 존재한다. 어떠한 수면이나 잠도 그를 붙잡을 수 없다. 하늘과 땅에 있는 모든 것은 그의 것이다. 그의 허락 없이 누가 그의 존재를 중재할 수 있는가? 그는 그들 전과 후의 모든 것을 알고 있다. 그의 의지를 제외하고는 그의 지식을 잴 수 있는 것은 없다. 그의 왕위는 하늘과 땅에 걸쳐있으며 그는 그들을 지키고 보전하는 데 어떠한 피로도 느끼지 않는다. 그는 가장 높고 영광 안에 있다.

그리고:

004.171. 하늘과 땅에 있는 모든 것들은 그에게 속한다. 알라는 그 모든 일을 처리한다.
006.013. 밤과 낮에 사는 모든 것들은 그에게 속한다. 그는 모든 것을 듣고 알고 있다.
020.006. 하늘과 땅에 속한 모든 것들 그리고 그들 사이에 있는 것들과 땅밑에 있는 것들까지 그에게 속한다.
021.019. 하늘과 땅에 있는 모든 것들: 심지어 그의 존재 안에 있으면서도 그를 섬기는 것이 자랑스럽지 않거나 지친 모든 것까지 다 그에게 속한다.

그러나 우리는 모든 생물과 무생물들이 그들만의 방식으로 알라의 영광 속에 그들을 바친다는 것을 알아야 한다. 코란에는 이것에 대한 많은 구절이 있다.:

030.026. 그에게 속한 모든 것들은 그에게 충실하게 복종한다.
062.001. 하늘과 땅에 있는 어떤 것에게도 모두 막대한 지혜를 가진 신성한 유일한 통치자인 알라의 영광과 축복을 선언한다.

그러므로 하나의 개별적인 신이자 전 세계의 신이자 우주의 왕인 알라는 인류를 포함한 우주에 있는 모든 것들의 주인이다. 결론적으로 우리는 끊임없이 되새긴다.:

002.155. 우리가 두려움과 배고픔과 선함이나 삶이나 수확의 상실로 너를 시험할 것이다. 그러나 참을성 있게 견딘 자에게는 영광스러운 소식을 줄 것이다.
002.156. 재앙으로 고통 받을 때 "우리는 알라에게 속해있고 그에게서부터 돌아온다." 고 말한다.

위의 원칙들은 이슬람교의 최고의 권위, 코란에서부터 발췌한 것이며 이것들은 인류와 신의 관계 그리고 신과 환경과의 관계에 대한 관점을 정의한다. 인류가 그 전에 언급된 원칙들을 수용하고 난 후에, 두 번째의 원칙들은 코란이 처방하는 인간과 환경과의 관계에 대해 명확히 말한다.

인류와 할리파(khalifa)

두 번째 원칙에서 가장 중요한 것은 알라가 제공한 인간의 역할을 정의한 것과 자연 질서 안에서의 그들의 책임감에 대한 것이다. 우리가 할리파, 즉, 수호자로서 한 약속은 신이 인류에게 준 신성한 의무이다. 높은 위치에서 인류의 약속은 다음 구절에서 볼 수 있듯이 천사들이 실제로 알라의 결정에 대해 의문을 가질 때 한 사건을 불러일으킨다.

> 002.030. 그대의 주께서 천사들을 향해 '나는 지상에 대리자를 놓으려고 생각한다.'라고 하시니, 이에 모두가 '우리들은 당신의 영광을 찬미하고 당신의 성스러움을 찬송하고 있는데 어찌 지상에서 악을 일삼고 피를 흘릴 자를 땅위에 놓으려 하시나이까.'말하니, 알라께서는 이에 답해 '나는 너희들이 모르고 있는 것을 알고 있다.'라고 말씀하셨다.
> 002.031. 이와 같이 알라께서는 모든 사물의 이름을 아담에게 가르치신 후 천사들에게 이것들을 보이시고 '너희들이 진실을 이야기한다면 이것들의 이름을 나에게 말하라.'라고 말씀하셨다.
> 002.032. 천사들은 '주께 영광을 돌립니다. 당신이 가르치신 것 외에는 우리들은 아무런 지식도 없습니다. 당신이야말로 전지전능하십니다. 라고 말했다.
> 002.033. 이에 말씀하시기를 '오 아담아 그들에게 그것들의 이름을 가르쳐 주어라.'하셨다. 이에 그가 그것들의 이름을 천사에게 알렸을 때, 말씀하시기를 '내가 천지간의 신비를 안다고 하지 않았느냐 너희들이 감추는 것도, 나타내는 것도 다 안다.'라고 하셨다.
> 002.034. 그리하여 우리가 천사들에게 아담 앞에서 무릎을 꿇으라고 말하니 그들 전부가 무릎을 꿇었지만, '이블리스'만은 오만불손하게 이를 거절하였

으므로 믿지 않는 무리가 되었다.

명백하게 알라는 천사에 의해 미리 정해져있는 선(goodness)보다는 정해져있지 않은 인간의 자유의지를 더 좋아했다.

006.165.그는 지구의 상속자로 너를 만드셨다. 그는 다른 것들 위로 너를 세우셨다. 그는 그가 너에게 준 선물 안에서 살아가라는 것이다. 주님은 처벌에 있어서 매우 빠르시다. 그러나 그는 가장 자애로우셔서 용서도 하신다.

이러한 부섭정의 실천은 다른 우리의 책임과 함께 특권이 명시되어있는 원칙들에 의해 코란 안에서 정의된다. 우리는 다음에 제시된 짧은 단락을 봐야한다.

미잔(Mizaan)

우리가 해야 하는 가장 중요한 기여는 이성을 갖추었다는 것이다. 이것은 우리가 신의 부 섭정자로 지명되었다는 것에서 잘 나타난다. 이러한 능력은 아래에 관련 구절들을 통해 잘 나타나있다:

055.001. 자비로우신 그 분은
055.002. 이 코란을 가르쳐 주셨다.
055.003. 인간을 창조해서
055.004. 인간에게 설명할 수 있는 재주를 가르쳐 주셨다.
055.005. 태양과 달은 정해진 계산에 의해서 운행되고
005.006. 별과 수목은 엎드려 절한다.
005.007. 하늘을 높이 들어 올려 저울을 설치한 것은
005.008. '너희들이 과대한 계량이나 과소한 계량을
005.009. 함께 하는 일이 없도록 하기 위해서이다.'
005.010. 또 대지를 모든 생물을 위해서 창조하셨다.

005.011. 거기에는 과실이 있고 껍질을 쓴 채 열매가 달리는 대추야자나무가 있으며
005.012. 시든 잎줄기에 열리는 곡식이 있고, 향기를 내뿜는 향초가 있다.
005.013. 너희들 쌍방은 주께서만 베풀 수 있는 은혜 중 어느 하나를 거짓이라 말하는가?

우리는 본능에서 벗어나 행동하기 위해 만들어지니 않았다. "설교"는 우리가 논리와 이해를 하기 위해서 능력을 가지고 있는 것이라고 가르친다. 모든 생명체의 패턴에는 질서와 목적이 있다. 태양과 달은 안정적인 궤도를 따르고 생명이 존재하도록 해준다. 우주 전체는 창조자에게 복종한다. 별은 우리에게 항해할 길을 알려주고 나무들은 우리에게 자양물, 보금자리, 그리고 다른 것들도 제공한다. 우리는 그렇다면 논리적일 수 있고 정의롭게 행동할 수 있기에 "균형을 넘어서지 않아야 할" 책임을 가지고 있다. 우리는 우리 자신 뿐 아니라 모든 다른 생명체들에게 이 점을 빚지고 있다.

정의

판단할 수 있고 지적인 판단의 균형을 맞출 수 있는 능력 그 자체는 추가적인 정의에 대한 도덕적인 기여 없이는 충분하지 않다. 그리고 이것이 무슬림들을 위해 코란에 적혀 있는 것이다:

004.135. 믿는 자들이여, 가령 너희들 자신에게 있어서나 또는 양친이나 근친자에게 불리한 점이 있더라도 알라 앞에 증언자로서 공정을 지켜라. 비록 상대가 부자이건 가난한 자이건 왜 그런가 하면 알라 편이 어떤 자에게도 한층 더 가깝기 때문이다. 그렇기 때문에 욕망에 따라 길을 잘못 밟아서는 안 된다. 만일 너희들이 증언을 왜곡한다면 알라께서는 너희들의 하는 일을 전부 알고 계시다.

그리고:

004.085. 좋게 되도록 선의를 베푼 사람은 그 일부를 받게 되며, 나쁘게 되도록 악의를 행한 자는 자기가 행한 것만큼의 결과를 얻게 된다. 알라께서는 모든 일을 엄중하게 다루신다.
004.058. 맡은 물건을 필히 주인에게 돌려주도록 알라께서는 명령하신다. 또 타인들 간의 일을 재판할 때는 공정하게 해야 한다. 참으로 알라께서는 너희들에게 만족할 만한 훈계를 내리셨고 모든 것을 듣고 또 내려다 보시고 계시다.

그리고:

005.009. 믿는 사람들이여 알라의 앞에서 증언자로서 공정함을 지켜라. 다른 사람들에 대한 증오에 북받쳐 공정함을 잃어서는 안 되겠다. 항상 공정하라. 이것이야말로 참으로 경건함에 가깝다. 알라를 두려워하고 공경하라. 알라는 너희들이 하는 일을 다 알고 계시다.
005.045. 또 거짓에 귀를 기울여 법을 어겨 이익을 보고 있는 자들은 버려질 것이다. 그렇더라도 그들이 그대에게 왔을 때는 재판을 해도 좋다. 혹은 그들에게 등을 돌려도 좋다. 만일 그대가 그들에게 등을 돌리더라도 그들은 조금도 그대를 해칠 수 없다. 만일 재판을 할 때에는 공정하게 해주라. 알라께서는 공정하게 행실하는 자를 사랑하신다.

이용하라 그러나 오용하지 말라

코란에서 몇 차례에 걸쳐 인간들은 알라가 그들을 위해 지구에 놓아주신 풍족한 것들을 이용해도 된다고 나와 있다. 그러나 특히 과욕으로 인한 오용은 매우 엄격히 금지되어있다. 때로는 이러한 원칙들은 말하자면, 하나의 숨소리에서도 찾아볼 수 있다. 때로는 그들은 따로 언급되어 있다. 그러나 그 속뜻은 같다. 다음 구절을 살펴보면:

007.031. 아담의 자손들아! ... 먹어라. 그리고 마셔라. 그러나 도를 넘어서는 안 된다. 알라께서는 도를 넘는 자를 사랑하지 않으신다.

자연을 인간과 다른 생명체들에게 제공하였기에 그것을 이용하라는 언급도 많이 있다 그러나 낭비적인 과욕은 피하라고 나와 있다. 알라는 그는 낭비하는 자를 사랑하지 않는다고 말한다.

006.141. 시렁이 있는 과수원, 시렁이 없는 과수원, 대추야자나무, 여러 가지 곡식을 심은 밭, 감람, 석류 등 서로 닮은 것, 닮지 않은 것, 이런 모든 것을 만드시는 분이야말로 알라이시다. 열매가 익었으면 그 열매를 먹어라. 수확을 하는 날에 거두어들일 수 있는 것은 거두어들여라. 그러나 낭비를 해서는 안 된다. 알라께서는 낭비하는 자를 사랑하지 않으신다.

Fitra

마지막으로 살펴볼 코란에 나타나 있는 보존에 관한 토대가 되는 원칙은 피트라이다. 피트라는 알라가 인간에게 환경을 보존하고 그의 창조물의 균형을 깨지 말라고 내린 가장 직접적인 명령일 것이다. 이것은 다음 구절에 특히나 자세히 나타나 있다.:

030.030. 순수하고 올바른 사람으로서의 그대의 얼굴을 종교로 향하게 하라. 알라께서 인간을 만드신 본성에 따라서 알라의 창조에 변경이 있을 수 없다. 그것은 정작 참된 종교이다. 그러나 많은 사람들은 그것을 알지 못한다.

그러므로 이슬람교는 인류에게 환경의 통합적인 면을 가르친다. 인간은 전지전능한 신이 창조하신 것의 일부라는 것을 가르친다. 마치 우리가 자연에서부터 독립적인 것처럼 이야기하지만 사실 우리는 자연적인 영역에 깊이 속박되어 있다.

신이 우리에게 주신 능력은 우리가 신과 다른 인간들을 통해서 뿐 아니라 다른 생명체에게 져야 할 책임감들에 의해 제한되어 있다.

Seyyed Hossein Nasr가 말하길: "신의 법은 자연 질서와 환경을 향한 인간의 종교적인 의무를 확장시킨다고 명쾌하게 진술되어 있다."

결론

우리가 처음에 언급했듯이, 수많은 코란의 교리들이 개별적으로 볼 때에는 보존과는 뚜렷한 관계가 없어 보인다. 그러나 그들을 전체적으로 볼 때 그들은 유일신이자 전 세계의 신이자 우주를 창조한 알라신은 우주의 주인이라고 확실히 명시되어 있다. 그에게 모든 생물과 무생물이 귀속되어 있고 그 모두는 그에게 복종해야 한다. 알라는 그의 지혜안에서 인간을 그의 부섭정자로 세우기 위해 판단할 수 있는 능력과 자유의지를 가진 존재로 만드셨다.

그리고 알라가 우리가 지구의 열매들을 우리의 정당한 영양과 즐거움을 위해 취하는 것을 허락하신 반면 그는 그가 우리에게 베푼 것을 낭비하지 말라는 뜻으로 '그는 낭비하는 자를 사랑하지 않으신다.' 라고 직접적으로 말씀하셨다. 또한 알라는 우리에게 정의롭게 우리의 책임을 다하라고 명하셨다. 그 무엇보다도 인류는 알라가 지구상에 창조하신 것의 균형을 보존해야 한다. 우리의 지성 덕분에 우리는 알라가 전체적으로 균형이 맞추어진 생태 속에서 지구를 유지시키라는 책임져야 한다. 만약 생물학자들이 인간이 지상의 생태학적 변화에 가장 큰 요인이라고 믿는다면 부의 신을 버리고 알라가 주신, 환경과 환경에 있는 모든 생명체들을 보존하라는 처방전을 들어야 하지 않을까? 이와 같은 물음에 대한 이슬람교의 대답은 분명하고 확실하다.

13. 자이나교

이 성명서는 자이나교 협회를 대신하여 협회 회장인 싱히비(L. M. Singhivi) 박사에 의해 준비됐다. 자이나교 협회는 세 개의 자이나교파를 묶어주는 주된 단체이다.

자이나교는 현존하는 가장 오래된 종교 중 하나다. 자인 이라는 용어는 "자이나스의 추종자"라는 뜻이다. 자이나스는 정신적인 승리자로서 전지한 인간의 선생님이다. 그들은 티르탄카라라고도 불리며 다른 이들을 삶과 죽음의 굴레에서 벗어나게 돕는다. 24번째 티르탄카라는 마하비라라고도 불리며 기원전 599 년에 태어났다. 서른 살의 나이로 그는 정신적인 질문을 가지고 출가했으며 12 년이 지난 후 많은 시도와 내핍생활 끝에 그는 전지를 얻었다. 열한 명의 남자가 그의 ganadharas, 즉 최고의 제자가 되었다. 72 세에 그는 죽었고 삶과 죽음을 뛰어 넘는 축복의 상태인 열반을 얻었다. 마하비라는 새로운 종교의 개척자는 아니었다. 그는 이전 티르탄카라들의 가르침을 끌어모아 신념을 통일시켰다. 특히 그의 직속 전임자인 바르나시에서 250 년 전에 살았던 파르슈바의 가르침에 많은 영향을 받았다.

자이나교의 초기 추종자들은 인도의 갠지스강 골짜기에서 살았다. 기원전 250 년 경 대부분의 자이나교 신자들은 야무나 강 마투라로 이주했다. 그 후 많은 이들은 라자스탄과 구자라트가 있는 서쪽으로 이동하거나 자이나교도들의 수가 급성장한 마하라스트라와 카르나타카가 있는 남쪽으로 이동했다. 전 세계적으로 자이나교도의 수는 천 만 명이 채 되지 않으며 그 중 십만 명은 북아메리카, 영국, 케냐, 벨기에, 싱가폴, 홍콩, 그리고 일본에 살고 있다.

자이나교의 실천

자이나교도들은 개인적인 발전을 이루는 것은 세 가지 보석들, 즉, 계몽된 세계관, 진실된 지식, 그리고 계몽된 세계관과 참된 지식을 바탕으로 하는 실천에 달려있다고 믿는다. 그들은 아누브라타스(작은 서약)를 달성하기 위해 최선을 다해야만 한다. 여기 다섯 서약들이 있다.

아힘사(비폭력)

이것은 기초적인 맹세이고 자이나교 전통에 금빛 실처럼 엮여있다. 이것은 인간 뿐 아니라 모든 자연에게 말이나 행동을 통한 어떠한 형태의 폭력도 피하라는 것을 포함한다. 이것은 식물과 동물을 포함한 모든 형태의 생명에 대한 숭배를 의미한다. 자이나교도들은 매일매일 모든 살아있는 생명체에 대한 동정심의 원칙을 실행한다. 자이나교도인들은 채식주의자들이다.

사티아(진실됨)

"티르탕카라 마하비라(Tirthankara Mahavira)"라고 Sachham Bhagwam은 말한다.

아스테야(훔치지 아니한다)

이것은 다른 자에게 속해있는 것을 취하지 않는다는 원칙이다. 이것은 탐욕과 착취, 이용을 금한다는 뜻이다.

브라하마차야(순결)

이것은 성적인 난잡함을 금지하고 멀리하라는 뜻이다.

마파리그라하(반 물질주의)

자이나교도들에게 이것은 그들의 물질적인 것에 대한 소유를 제한하고 한 사람의 부와 시간을 인간적인 자선과 박애주의적인 것에 기여하라는 뜻이다.

자이나교의 믿음

아네칸타바다(편중되지 않음)

이 철학은 어떠한 이슈에 대한 어떠한 한 가지 견해도 모든 진실을 다 담을 수 없다고 말한다. 이것은 보편적인 상호의존성의 개념을 강조하고 특별히 다른 종들, 다른 사회와 국가들, 그리고 다른 사람들의 견해를 고려해야 한다고 권한다.

로카(우주)

우주는 무한하지만 '우주'라고 알려져 있는 그것에 한정되어 있다. 우주에 있는 지각이 있든, 지각이 없든 그 모든 것은 그것이 취하고 있는 형태는 일시적일지라도 영원하다. 자이나교도들은 우주의 행복을 증진시키기 위해서 모든 인간의 의무를 띤 이 원칙들을 전하고 실행한다.

지바(영혼)

모든 살아있는 것은 수많은 원자들로 구성된 몸을 차지하고 있는 개별적인 영혼이 있다. 죽음이 왔을 때 영혼은 몸을 빠져 나오고 다른 것에서 즉시 탄생한다. 열반을 얻고 이러한 생과 죽음의 순환을 끝낸다는 것은 자이나교도들의 목표이다.

아지바(무영혼)

아지바는 생명이 없는 모든 것이다. 이것은 물질, 움직임과 휴식 동작의 매개체, 시간과 공간을 포함한다.

카르마

카르마는 어떤 것의 몸짓, 말, 그리고 마음의 결과로 생긴 영혼에 붙어있는 미묘한 것의 형태라고 이해하면 된다. 이렇게 쌓인 카르마는 삶과 죽음의 순환에서 영혼의 구속으로 작용한다.

해탈 혹은 열반

삶의 최고의 목표는 삶과 죽음의 순환에서부터 영혼을 해방시키는 것이다. 이것은 모든 카르마를 모두 소멸시키고 또 다른 축적을 막는 것으로 얻을 수 있다. 해탈을 얻으려면 계몽된 세계관, 지식, 그리고 실천이 필수적이다.

자이나교는 기본적으로 생태의 종교다. 그리고 생태를 종교로 바꾼 것이다. 그래서 자이나교도들은 환경 친화적인 가치관과 실천의 방식을 만들게 되었다. 자이나교 전통에서 이성의 강조 때문에 자이나교인들은 환경적인 원인에 대해 언제나 긍정적으로 그리고 열정을 가지고 임할 준비가 되어있고 의지가 있다. 인도에서 그리고 외국에서 그들은 더 큰 인식을 가져오고 그들의 가장 중요한 생태에 대한 원칙들을 실천하는 선구자들이다. 그들의 프로그램들은 대부분 크기가 크지 않고 자원을 통한 자체 기금에 의해 운영된다.

14. 유대교

전통 율법주의자이자 율법과 탈무드의 작자인 라코버(Nahum Rakover) 교수가 세계유대인회의에 의해 지목받아 이 성명서를 작성하였다.

신의 업적을 생각하라. 누가 저것을 곧게 하였으며 누가 저것을 구부러지게 하였는가?(Eccles 7:13)

신이 아담을 창조하셨을 때 그는 그에게 에덴 동산에 있는 모든 나무들을 보여주시고 말씀하시길 "나의 작품들을 보아라. 얼마나 사랑스러우냐. 얼마나 정교하냐. 내가 만든 모든 것은 너를 위해 만들었다. 나의 우주를 더럽히거나 망가트리지 않도록 잘 보살피거라. 만약 네가 그것을 망가트린다면 그것을 다시 바로잡아줄 사람은 아무도 없다(Ecclesiastes Rabbah 7).

이 보고서는 오염과 파괴로부터 우리의 자연 환경을 지키는 크고 복잡한 문제들을 다룬다. 그래서 우리가 자연의 아름다움을 즐기고 그것으로부터 최대의 물리적 정신적 혜택을 얻으면서 신의 세계 안에서 살 수 있도록 하기 위해서이다.

유대교의 원천에서 인류의 자연을 보호해야 하는 의무에 대한 근거는 "지구는 나의 것이기 때문이다."(Lev. 25:23)라는 성경 구절에서 찾을 수 있다. 성경은 우리에게 지구는 인간의 절대적인 소유물이 아니라 그것은 "이용하고 보호하기 위해서"(Gen. 2:15) 우리에게 주어진 것이다.

성경에서는 또한 우리가 자연을 "지배"하는 것에 대해서 언급하고 있으며 우리가 이 세상에 대해서 무제한적인 지배의 권한을 부여받은 것처럼 창세기 1:26에 쓰여 있다.

> 그리고 하느님이 이르시되, "우리의 형상을 따라 우리의 모양대로 사람을 만들고; 그들로 바다의 물고기와 하늘의 새와 가축과 온 땅과 땅에 기는 모든 것들을 다스리게 하라."

그리고 창세기 1:28에는:

> 그리고 하느님이 그들에게 복을 주시며 하느님이 그들에게 이르시되, "생육하고 번성하여 땅에 충만하라. 땅을 정복하라. 바다의 물고기와 하늘의 새와 땅에 움직이는 모든 생물을 다스려라."

라브 쿡(Rav Kook)은 이 생각에 대해 통찰력 있는 이해를 가지고 있었다.

> 어떠한 계몽한 사람이나 생각이 깊은 사람에게 성경에 나와 있는 "지배"라는 것과 "그들로 바다의 물고기와 하늘의 새와 가축과 온 땅과 땅에 기는 모든 것들을 다스리게 하라."라는 구절의 뜻은 그가 그의 개인적인 욕망을 채우기 위해 백성과 종들을 심하게 다루는 폭군의 지배가 아니라는 것을 알 것이다. 너무나 불쾌한 정복에 대한 규칙을 정하고 신의 세상에 새겨 넣으려고 하는 것은 생각할 수 없는 일이다. 신은 모든 것에게 선하며 그의 자비는 "이 지구는 자비 위에 창조되었다."(Ps 89:3)라는 구절과 같이 그가 창조한 모든 것에 걸쳐 있다.

인간에게 평온을 주는 세 가지

탈무드의 현자는 또한 환경이 작은 마을에서보다는 큰 도시에서 더 많이 손상을 입는다고 했다. 미슈나의 법의 설명에 따르면 배우자는 그의 짝을 마을에서부터 큰 도시로 이사오라고 강요할 수 없다. 탈무드는 하니나(R.Yosiben Hanina)의 구절을 인용하였다. "삶은 도시에서 더 어려워진다."

Rashi가 설명하길 너무나 많은 인생이 있기에 그리고 그들의 집이 너무나 가까이 모여 있고 붐비기에 그리고 공기가 부족하기에 그렇다. 반면 마을에는 정원이 있고 집과 가까운 과수원이 있으며 공기도 매우 좋다.

공공장소에서 돌을 던진 자

우리는 Tosefta를 포함하는 이야기로부터 개인들은 공공 영역을 보호할 의무가 있다고 배웠다:

> 이것은 어떤 자가 그의 땅에서부터 돌들을 공공장소로 옮길 때 어떤 독실한 자가 그를 발견하고 이렇게 말할 때 시작되었다. "어리석은 자야. 왜 너는 네 것이 아닌 땅으로부터 네 땅으로 돌들을 옮기느냐?" 그 남자는 그를 보고 비웃었다. 얼마가 지난 후 그는 그의 땅을 팔기를 강요받았고, 그가 공공장소를 걸을 때 그는 그가 그곳에 버려놓은 돌들에 걸려 넘어졌다. 그는 말했다. "독실한 그 자가 나에게 말했던 왜 너는 네 것이 아닌 땅으로부터 네 땅으로 돌들을 옮기느냐라는 말이 얼마나 옳은 말이었는가!"

다른 말로 하자면 "개인영역"과 "공공영역"은 반드시 "내 것"과

"내 것이 아닌 것"과 일치하지 않는다. 나의 개인영역이었던 것이 어느 날 내 것이 아닐 수 있다. 반대로 공공영역은 언제나 나의 영역으로 남는다.

환경의 보호와 인간에 대한 사랑

지배하는 자와 따르는 자 간의 관계에 대한 규칙과 더불어 성경에서 "네 이웃을 너 자신처럼 사랑하라."라는 명령에 근거하여 식물과 동물 그리고 자연의 무생물들에 대한 인간의 태도에 대한 개념을 세웠다.

환경보호의 주제에 접근할 때, 우리는 환경을 보호하는 것과 인류를 보호하는 것 사이에 균형을 적절하게 유지하도록 주의해야 한다. 이런 문맥에서 적절한 균형이라는 것은 인간과 자연 사이에 평등이라는 것은 절대로 아니다. 인간과 자연의 관계는 비록 제한적이긴 하나 소유관계 중 하나이다. 우리가 환경을 보호하는 데 있어서 열성을 가져야 하고 인간의 이익 혹은 창조가 일어났을 때 우리의 역할을 잊지 말아야만 한다. 자연에 대한 사랑은 인간에 대한 사랑을 넘지 않아야 한다. 우리는 동물들을 사랑하는 자로 알려져 있지만 자신의 종족인 인간에 대해 상상할 수 없이 끔찍한 범죄를 저지르는 잘못을 피하기 위해서 최선의 노력을 다해야 한다.

적절한 균형은 또한 개인적인 이익과 공공의 이익 사이에서도 유지되어야 한다. 때때로 개인의 행동은 사회에 해가 될 수 있다. 어떤 자가 산업 폐기물로 환경을 오염시키는 공장을 세웠을 때와 같이 개인의 행동은 아마도 사회에 해야 될 수 있다. 하지만 어떨 때에는 사회가 개인의 집과 그 근처에서 누릴 수 있는 개인적인 권리를 침해할 수도 있다. 그런 회사를 세우는 데 이익을 볼 수도 있다.

환경의 질에 대해 논의 할 때 우리는 환경은 그 안에서 사는 사람들-개인 혹은 사회-까지도 포함한다는 것을 잊지 말아야 한다. 따라서 환경을 보호하는 것은 그 자체로 이익의 상충을 해결할 수 없다. 그것이 문제에 대한 답을 찾을 때 고려해야 하는 요소들의 범위를 넓힐 수 있음에도 불구하고 해결책은 반드시 경제적이고 사회적이고 도덕적인 고려사항들을 근간으로 하는 최종분석에서 찾아야 한다.

우리의 조사에 따르면 우리는 우리의 주제와 관련된 유대교의 원천을 평가 및 조사하였다. 우리는 자연을 해치지 않고 자연과 이웃과 사회를 해치지 않는 범위 제한에 대해서도 이야기했다. 우리가 조사한 주제들은 이웃들과 불법들 사이의 관계를 지배하는 법칙에 근거한다. 이러한 법칙들은 아주 많고 복잡하기에 그들 모두에 대해 통합적인 논의를 하려면 현재 조사의 범위를 훨씬 뛰어넘는다. 우리는 그러나 이 분야에서 가장 방향을 제시해줄 수 있는 수많은 원칙들을 간략하게 다루려고 시도했다. 그리고 우리가 모든 일어나고 있는 문제들에 대해 해결책들을 찾지는 못했을 지라도 우리는 우리가 다시한번 질문들을 재정비했고 추후에 있을 문제들에 대해서 도전했다고 생각한다.

자연을 지키는 것

사람과 그의 환경

나는 1905년에 나날들을 회상한다. 나에게는 아주 축복이 내린 땅이 있었고 그리고 나는 자파(Japa)에게 갔다. 그곳에서 나의 대 선생님인 쿡(R.

Abraham Issac Kook)을 처음으로 만났다. 그는 그의 모두를 기쁘게 맞는다는 신성한 관습에 따라 아주 기쁘게 나를 맞이해주었다. 우리는 율법연구에 대해 계속해서 대화했다. 오후에 그는 들판으로 나가 그의 생각을 정리하기 위해 나갔고, 나는 그를 따랐다. 가는 길에 나는 꽃을 꺾어 다발을 만들었다. 나의 선생님은 충격을 받았다. 그리고 나에게 부드럽게 말했다.
"나를 믿어라. 내 모든 날에 나는 자라나거나 꽃을 피울 수 있는 능력을 가지고 있는 풀이나 꽃을 필요 없이 꺾지 않으려 매우 노력했다. 너는 여기 지구에는 어떠한 풀잎 하나도 하찮지 않다는 현자의 가르침을 안다. 모든 풀뿌리와 풀잎들은 무언가를 말해주고 어떤 의미를 지닌다. 모든 돌들은 내제되어있고 숨어있는 메시지를 침묵을 통해 속삭여준다. 모든 생물체들은 이 가르침을 노래한다."매우 순수하고 신성한 마음으로부터 나오는 그 말들은 내 가슴에 깊이 새겨져있다. 그 시간부터 나는 모든 것들에 대해서 아주 강한 연민을 느끼기 시작했다.

Rav Kook의 개별적인 식물과 전반적인 생명체에 대한 태도는 인간의 자연과의 관계에 굉장히 포괄적이고 철학적인 접근에 기반한다. 이러한 태도는 저명한 신비주의자 코르도베로(R.Moshe Cordovero)의 책 토머 데보라(Tomer Devorah) 안에 잘 표현되어있다.:

어떤 자의 자비는 탄압받는 자에게까지 확장되어야 한다. 사람은 무생물, 채소, 동물 그리고 인간을 포함한 창조된 모든 것에 더 높은 지혜가 퍼지기 위해서는 그들을 창피주거나 파괴해서는 안 된다. 이러한 이유로 우리는 식량을 훼손해서는 안 된다 그리고 같은 이유로 사람은 신의 지혜로 만들어진 그 어떤 것도 훼손해서는 안 된다. 또한 사람은 필요가 없음에도 식물을 뽑거나 필요가 없음에도 동물을 죽여도 안 된다.

안식년

이 보존에 대한 생각은 안식년에 관한 성경 구절에서 찾을 수 있다.

그리고 여호와께서 시내산에서 모세에게 일러 말씀하시길: 이스라엘 자손에게 고하여 이르라. 너희는 내가 너희에게 주는 땅에 들어간 후에 그 땅으로 여호와 앞에 안식하게 하라. 너는 육 년 동안 그 밭에 파종하여 육 년 동안 그 포도원을 다스리지 말며, 제 칠년에는 땅으로 쉬어 안식하게 할지니, 여호와께 대한 안식이라. 너는 그 밭에 파종하거나 포도원을 다스리지 말며, 너의 곡물의 스스로 난 것을 거두지 말고 다스리지 아니한 포도나무의 맺은 열매를 거두지 말라. 이는 땅의 안식년임이라.

마이모니데스(Maimonides)는 그의 책 '복잡함으로부터의 인도'에서 안식년의 이유를 제시하였다.:

모든 우리가 열거해왔던 안식년과 기념일에 관한 법들의 계명들을 고려하자면, 그들 중 몇몇은 모든 인류를 동정하고 구원하라는 뜻으로 귀결한다. "제 칠년에는 갈지 말고 묵혀 두어서 네 백성의 가난한 자로 먹게 하라. 그 남은 것은 들짐승이 먹으리라."라는(출애굽기 23장 11절) 성경에도 그렇게 나와 있다. 그리고 이것을 따를 때 땅은 더욱 비옥해지고 강해진다는 뜻도 포함되어 있다.

다시 말해서 모든 농경활동을 멈추는 목표는 땅을 향상시키고 더욱 강화시키기 위해서다.

안식년의 또 다른 이유는 우리의 환경과의 관계를 강조하는데, 이것은 Sefer haHinnukh 작가에 의해 잘 나타나 있다. 그는 안식년동안 모든 생산품의 무소유권을 선언하는 의무에 대해 설명한 바 있다.

안식년에 대한 이유들에 대해 쿡(Rav Koo)은 인간, 신 그리고 자연 사이의 적절한 균형의 재건을 덧붙였다. 안식년을 쿡에 따르면:

인간은 대부분 자연과 영혼의 순수함으로부터 더 멀리 떨어뜨리는 삶의 균형이 무너진 결과로 생기는 그의 아픔을 치료할 필요가 없는 그의 본래의 생생함으로 돌아간다.

우리의 마음을 재정립하고 세상은 무에서 창조되었다는 우리의 생각에 강한 인상을 주기 위해서는 "여섯 째 날 신은 하늘과 땅을 만드셨다."(출애굽기 20:11)

이는 엿새 동안에 나 여호와가 하늘과 땅과 바다와 그 가운데 모든 것을 만들고 일곱째 날에 아무것도 만들지 않았다. 그리고 그는 우리에게 모든 지구의 생산물을 이 안식년에 소유하지 말 것을 선언하였다. 그래서 인간들은 땅이 매년 그들을 위해 농산품을 생산해주는 것은 그것이 가진 힘 때문이 아니라 땅을 가지신 여호와 덕분임을 깨달았다. 그리고 그가 바라실 때 그는 생산한 것을 소유하지 말라고 명령하신다.

안식년이 현 시대에서 준수되어 실행되는 것은 매우 가치 있다. 마지막으로 안식일이 준수된 것은 1993-94이다.

창조를 변화시키는 것

지구의 자원을 과도하게 이용하는 것을 금하는 것에 더불어 우리는 생명체들의 자연스러운 균형을 보전하는 데에도 신경 써야 한다. 이것은 R. Avraham ibn Ezra가 그의 성경에서 종을 교잡시키는 것을 반대한 것에 대해 설명한 것이다.

너희는 내 규례를 지킬지어다. 네 육축을 다른 종류와 교합시키지 말며 네 밭에 두 종자를 섞어 뿌리지 말며 두 재료로 직조한 옷을 입지 말라.

창조된 것에서 변화를 막는 한 가지 면은 어떠한 동물들의 멸종을 불러오는 원인을 피하는 것이 있다. 모든 창조된 것은 어떠한 목적이 있기에 창조되었다는 대전제를 우리는 세상에 존재하는 종들을 제거함으로써 부정하고 있다. Nahmanides는 잡종을 교배하는 것을 금지하는 것에 대해 쓴 것이다.:

잡종을 금지하는 이유는 신이 이 지구상에 모든 종을 창조하셨기 때문이다. 그리고 그들에게 그들의 종이 영원히 존재할 수 있도록 번식할 수 있는 힘을 주셨다. 그래서 그가 바라시는 대로 세상이 존재할 수 있도록. 그리고 그는 생물체들이 그 자신만의 종만을 생산할 능력을 주셨고, 바꾸지 못하게 하였다. 그래서 그 종을 유지 할 수 있도록 했다. 인간에게도 마찬가지이다.

낭비적인 파괴의 금지

우리의 자연환경을 보존해야 하는 의무의 표현에 덧붙여서 낭비적인 파괴에 반대하는 명령도 찾을 수 있다. 일반적으로 인간이 이익을 얻을 수 잇는 어떤 것의 파괴를 금지하는 명령이다. 이것은 동물들, 식물들, 그리고 무생물들에게까지도 적용된다.

가르침은 Sefer haHinnukh의 과실수를 베는 것을 금지하는 논쟁에서 찾아볼 수 있다. 이 논쟁은 명령의 범위에 대한 담론을 포함한다.:

우리는 우리가 도시의 거주자들의 마음을 아프게 하고 압박하기 위해 도시를 포위할 때 나무를 베는 것을 금지시킨다, "너는 나무들을 파괴하지 말라. 그리고 너는 그들을 베지 말라."(Deut 20:19) 이것은 불태움, 의복의 찢음, 혹은 아무 이유 없는 선박의 파괴 등 모든 종류의 파괴를 금지한다.

Sefer haHinnukh 작가는 금지의 이유를 설명했다.

이러한 명령은 우리에게 선함을 사랑하고 유용한 것을 사랑하고 그들을 고수하라고 가르친다. 그리고 이런 방법으로 선함 또한 우리에게 머무를 것이다. 그리고 우리는 악함과 쇠퇴를 모두 피할 것이다. 그리고 이 방법으로: 그들은 평화를 사랑하고 다른 자의 행복을 기뻐하며 모두를 율법에 가까이 데려온다. 그리고 심지어 겨자 씨앗까지도 낭비하지 않으며 그들은 낭비로 인한 어떠한 파괴로부터 고통 받는 것을 막을 수 있다. 그리고 그들의 힘으로 파괴를 막고 다른 것들도 구할 수 있다. 그러나 악한 것은 다르다. 그들은 파괴하는 자와 한통속이며 그들은 세상의 파괴에 즐거움을 느끼며 그들 스스로를 파멸 시킨다: "선함으로 대하는 자는 선함으로 보답 받을 것이다."(Mishnah Sotah 1:7)

낭비적인 파괴에 대한 금지의 시작은 과수를 베지 말라는 성경말씀으로부터 시작되었다. 낭비적인 파괴에 대한 금지는 그러나 과실수를 파괴하는 것을 막는 것보다는 훨씬 복합적이다. 그리고 이것은 이용가치가 있는 그 어떤 것에게도 모두 적용된다. 다른 말로, 이 금지는 인간이 만든 물건들에 대한 파괴 금지를 포함하며, 반드시 자연의 보전에 국한되어 있지 않다.

신명기에 따르면 전쟁을 벌이는 것에 대한 법률에서 :

너희가 어느 성읍을 오래 동안 에워싸고 쳐서 취하려 할 때에도 도끼를 둘러 그 곳의 나무를 작벌하지 말라. 이는 너희의 먹을 것이 될 것임이니 찍지 말라. 밭의 수목이 사람이냐. 너희가 어찌 그것을 에워싸겠느냐?

이 성경은 그러므로 심지어 전쟁기간에도 과수를 훼손시키는 것은 금지되어있다는 것을 보여준다.

haKetav vehaKabbalah 작가는 금지에 대해 설명한다.:

창조된 것들을 창조된 목적과는 완전히 다른 목적으로 이용하는 것은 옳지 않다. 출애굽기 20:22에도 그렇게 나와 있다.: "네가 그것을 향해 검을 들어 올리면 너는 신성 모독하는 것이다."-제단은 인간의 생을 연장하기 위해

> 만들어졌다. 그리고 철은 사람의 목숨을 줄이기 위해 만들어졌다. 그러므로 인간의 목숨을 늘리는 것을 위해서 목숨을 줄이는 것이 사용되는 것은 맞지 않다. 나무도 마찬가지이다. 나무는 사람과 동물들에게 열매를 제공해 그들에게 영양을 제공하는데 인간에 의해 파괴되는 결과를 맞으면 안 된다.

신과 인간과 자연의 관계는 성경 구절에 묘사되어 있다. "인간에게 들판의 나무다(For man is a tree of the field)." 이 관계에 대한 수많은 해석들이 있어왔다.: 식물들조차도 신의 섭리의 대상이다. 인간과 나무 모두 신의 창조물들이다. 시프레이(Sifrei)가 주장하길, "이것은 인간이 나무에서부터 나왔다는 것을 보여준다."

현자들도 또한 나무의 죽음을 인간의 육체에서 영혼이 빠져나가는 것과 비교하였다.

> 비록 들리지는 않지만 세상의 끝에서 다른 끝으로 가는 다섯 가지 소리가 있다. 사람들이 나무를 벨 때 과실수들은 세상 끝부터 라는 끝까지 비명을 지른다. 그리고 그 소리는 들리지 않는다. 영혼이 육체로부터 빠져나갈 때 그 고함은 세상 끝에서부터 다른 세상 끝으로 가지만 그 소리는 들을 수 없다.

이러한 문맥에서 레카나티(R. Menahem Recanati)는 우리가 물질세계에서 손상을 가하면 그 손상은 형이상학적인 세계에 손상을 입히고 이것은 "인간에게 들판의 나무다(For man is a tree of the field)."가 뜻하는 바이다.

환경을 오염시키는: 흡연

흡연은 심각한 환경적인 오염물을 가지고 있고 건강에 위험하다. 이런 문제에 대한 시민의식은 공공장소에서의 흡연을 금지하는 법 제정으로 이어졌다.

유대인 법정권한은 담배연기가 다른 자에게 피해를 줄 수 있는 장소에서 흡연하는 것을 금지할지에 대해 고려해왔다. 공공장소에서 완전하게 흡연을 금지시킨 한 법관은 페인슈테인(R. Moshe Feinstein)이다. 그는 흡연이 과민한 자들에게만 피해를 준다고 한다고 할지라도 공공장소에서의 흡연을 금지시킨다는 의견을 가지고 있었다. 이런 금지의 선례는 요세프(R. Yosef)의 탈무드의 사건에서 찾아 볼 수 있는데, 그는 소음에 대해 매우 과민했다. 만약 과민에 의해 특정한 행동을 제한시킬 수 있다면, 페인슈테인은 고통이나 손상이 있는 장소에서도 그렇게 할 수 있다고 주장했다. 그러므로 타인에게 흡연이 해로운 장소에서는 그것은 명백하게 금지되어야 한다.

미

아름답거나 특별히 좋은 모습을 하고 있는 생명체를 보거나 혹은 상당한 나무를 볼 때 사람들은 "축복받았구나. 오 나의 하나님 나의 왕이시여. 이 모든 것을 그의 세상에 가지신 우주의 왕이시어."라고 말한다. 만약 봄에 어떤 자가 들판이나 정원에 가서 나무들의 새싹과 활짝 핀 꽃들을 보면 그는 "축복받았구나. 오 나의 하나님 나의 왕이시여. 아름다운 생물체들을 만들고 인간을 위해 아름드리나무를 만드신 단신의 세계는 모자란 것이 없다."라고 말한다.

미적인 아름다움은 유대교 성전에서 개인적이고 사회적인 삶을 발전시키기 위해서 가치있을 뿐 아니라 법적인 의무들의 다양성을 위한 근간으로서도 가치가 있다고 나와 있다. 이 의무들은 성경의 제제들에서부터 그리고 랍비식의 법률로부터 나온다.

모세 5경에서 우리는 도시계획에 관한 지시들을 찾을 수 있는데, 어떠한 방해도 없는 오픈스페이스를 지정하도록 되어있었다. Rashi는 열린 공간에 대한 목적을 "도시의 미관과 그것이 가지고 있는 공기를 위해서" 라고 묘사한다.

나중에 랍비식의 규제들은 성경에 언급된 도시들 외에 다른 도시들에도 이 규칙을 확대 적용시켰다.

현재 활동들

현재 유대교의 환경적인 보호와 토지의 보존에 대한 생각은 다양한 수준에서 찾아볼 수 있다. 이스라엘에서 1994년은 "환경의 해"라고 선언되었다. 이 선언의 많은 결과 중 하나는 환경이 이스라엘 교육과정에서 중심 주제로 선택되었다는 것이다.

환경의 해를 기리기 위해 '환경 모습과 유대교인들의 시각'이라는 제목의 책이 출판되었다. 이 책은 성서, 탈무드, 미슈나에서부터 Maimonides, Shulhan Arukh와 같은 저명한 법전 편찬자들을 통해서 이 분야에서 광범위한 입법 자료들을 추출해 실었을 뿐 아니라 환경과 인간의 관계에 대한 생각을 분석하였다. 이 책은 또한 환경적인 보호의 원칙들이 19세기와 20세기 초에 도시 성곽 밖에 새롭게 건설된 예루살렘의 새 이웃들에서 법령이 통과되는 데에 얼마나 큰 영향을 미치는지를 추적했다.

환경적인 보호에 대한 유대교 성서의 책자는 또한 학교 교육 체제에서도 이용하기 위해 준비되었다.

이스라엘 입법부, 이스라엘 국회는 관련분야인 대기오염, 소음, 수

질오염, 폐기물순환, 위험물질, 야생동물과 식생의 보호, 그리고 자연보전의 설정에 관한 법들을 제정했다. 유대인들이 이러한 활동들이 더 나아가 이스라엘과 전 세계에 있는 환경적인 문제들에 대한 그들의 인식을 강화시켜주기를 바란다.

요약

인류와 창조

인간과 환경에 대한 관계의 철학적인 기초는 특히나 초기 성경인 미드라시와 다양한 철학적인 작업들에 강조되어있다. 전통적인 유대교의 자연에 대한 태도는 모든 우주는 창조자의 업적이라는 믿음의 직접적인 결과이다. 신의 사랑은 그의 창조물들인 무생물, 식물, 동물 그리고 인간을 모두 포함한다. 온전한 자연은 우리를 위해 창조하신 것이고 따라서 우리가 그것을 망가트리는 것은 잘못되었다는 이해에서 그 아름다움을 유지할 수 있다. 자연과의 우리의 교감은 우리의 본성을, 즉, 본래의 행복과 기쁨의 상태로, 회복시켜줄 수 있다.

이익간의 균형

환경을 보호하는 것은 자연의 균형을 보호하는 것을 포함하고, 그것은 다른 요소들 사이에서 우리와 다른 생명체들 사이의 균형을 맞추는 것을 포함한다. 그러나 이 문맥에서의 균형이란 평등을 뜻하는 것이 아니다. 균형은 물리적으로, 정신적으로 우리와 우리의 행복에 도움을 수반하는 것을 우선시할 것이다. 그리고 정신적인 행복은 물리적인 행복보다는 우선시될 것이다. 이익의 상충은 가치를 조심스럽게 따져보면서 해결해야 한다. 이 과정은 아마도 때때로 다른 가치를 선호하여 하나의 가치를 완전히 거부하는 결과를 가지고 올 수도 있다. 우리의 선호하는 상태에도 불구하고 환경의 보존은 거부되는 가치가 되어서는 안 된다. 어떤 경우에는, 특히나 우리의 이익이 미미하고 환경의 파괴는 상당할 때에는, 환경의 편에 서야 하고 따라서 우리의 이익이 거부당할 수도 있다.

인간의 소유권은 절대적이지 않다.

세상에 대한 우리의 권한은 제한적이다. "땅은 나의 것이다."(Lev. 25:23): 오로지 창조자가 그의 창조물에 대한 절대적인 소유권을 가지고 있다고 생각할 수 있다. 우리는 창조물을 망치지 말고 그것을 향상시키고 완성시키라고 명령받았다.

우리의 재산에 대한 권리는 제한적이다. 우리는 우리의 소유물을 다른 것을 해하는 방식으로 이용해서는 안 된다. 공공영역을 보호하는 원칙들이 정해져있다. 공공에 의해 소유된 장소들은 예를 들어 햇빛의 해로운 광선으로부터 우리를 보호해주는 오존층이 있는데, 이것은 누구의 소유도 아니지만 모두를 위해 제공된다.

사람에 대한 태도

"너의 이웃을 너 자신처럼 사랑하라."(Lev.19:18)라는 구절은 모든 유대 교리의 근간이 되며, 다른 자를 해치지 말라는 의무, 그리고 특히나 사회를 해치지 말라는 의무와 함께 환경의 보호에도 이 성경말씀은 적용된다. 한 사람과 다른 사람간의 적절한 관계, 사람과 환경과의 적절한 관계 속에서, "내 것"과 "내 것이 아닌 것"에 대한 법률적, 윤리적인 범위는 흐릿해졌다.

법적 원칙들의 결정

전형적으로 유대인들의 성경은 단지 "환경적인 가치"를 강조하는 것에서 만족되지 않으며, 구체적인 법률적인 의무를 만든다. 유대교인들의 법률들은 현대사회에서 문제가 되는 환경적인 문제들에 대하나 광범위한 논쟁들을 포함한다. 그리고 매연, 악취, 대기와 수질오염, 그리고 자연적인 경관의 훼손에 대한 보호하는 방법에 대해 명시되어 있다.

법적인 관점

환경보호에 대한 기본적인 원칙과 이런 원칙들을 따르는 실천들은 성경에 근거하며 다양한 명령들에 대해 제시된 이유들에 근거한다. 이러한 원칙들의 발전은 미슈나, 탈무드, 코드, 그리고 응답들의 성경 이후의 법 담론에서도 계속된다.

환경을 보호하기 위한 실천을 가진 다양한 법적인 범위들에 덧붙여서, 성경적인 법과 그에 따르는 법률들 모두 환경적인 문제들에 대해 직접적인 규제들을 가지고 있다. 이들 중 몇몇은 그의 환경에 대한 개인적인 권리를 제한한다. 반대로 또 개인적인 필요에 의해 공공영역을 사용하는 것을 허락함으로써 그의 권리를 확장시키는 규제들도 있다. 예루살렘의 독특한 위치 때문에 그만을 위한 특별한 법령들이 제정되었다.

방해의 극단적인 형태

불법행위법의 범위에서 우리는 환경을 손상시켰을 때 현자의 심각한 관점으로부터 배웠다.

흡연, 악취, 그리고 소음과 같은 특정한 방해 행위들은 극심한 것으로 분류되며 그것의 책임자는 그들 자신을 변호할 때 그것을 '기본권'이라고 주장할 수 없다. 그렇게 하면 피해자측의 항의의 실패는 가해자가 이런 불쾌한 관습을 계속해도 되는 권리를 줄 수 있기 때문이다. 이런 경우에 피해자는 재산적인 피해가 아니더라도 고통을 당하게 되며, 법은 자신의 권리를 포기하지 않은 자가 결국 가해자를 저지할 수 있게 한다. 같은 법률이 도시의 미관적 가치를 위해서도 운영되고 있다. 그곳에서 거주자들은 미적인 기준을 보호하는 법력의 집행을 포기할 수 있는 힘을 가지고 있지 않다.

사람은 환경에 직접적인 손상을 입히는 것뿐만 아니라 손상을 줄 수 있는 상황을 만드는 것에도 책임을 져야 한다. 그래서 예를 들어 어떤 자가 그 스스로는 소음을 내지 않았으나 소음이 생길 수 있는 상황을 만들었을 때 그는 제지당할 수 있다.

피해가 직접적이지 않아서 보상을 요구할 수 없는 상황에서도 그 상황을 만든 자는 그것을 그만두기를 강요받을 수 있다. 다양한 활동과 시설들은 그것 주변에 해를 끼치지 않는 곳에 위치해야 한다. 미쉬나(Mishnah)에 그 세부적인 거리들이 명시되어 있다. 조건이 바뀌면, 거리들은 그에 따라 조정되어야 한다.

현존하는 개념들의 융통성(가변성)

모든 문제들에 개해 간단한 해결책이 존재하는 것은 아니다. 가정법의 경우 남녀 사이의 사랑과 존중의 관계로부터 생긴 결과에 따른 행동들에 대해 정확한 정의를 내리기 힘들다. 행동의 패턴은 자연과 생명체에 대한 사랑에 기반하기에 어떠한 단정적이고 불변의 개념으로 해석하기 십지 않다. 답이 십게 정해져있지 않음에도, 현자들은 새롭고 변화하는 상황들에 적용가능한 규준을 정했다. 개인이나 사회의 번영과 환경적인 가치 사이의 상대적인 중요성에 대한 몇몇 풀리지 않는 의문들은 존재한다.

상충하는 가치들을 중재하기 위해서 상대적인 중요성이 자연보다 사회에 할당되어야 한다는 주장은 대해서는 아직 불확실하다. 인류가 감당할 수 있는 것보다 더 큰 요구를 하지 않도록, 사회의 전반적인 태도와 법에 의해 부과된 의무간의 간극이 너무 커지지 않게 하는 것이 가장 중요해 보인다.

큰 도심지의 성장과 산업의 발달의 결과로 환경을 위협하는 위험요소들은 점차 늘어났다. 매연, 산업폐기물, 정화되지 않은 폐수, 거주지와 인접한 매립지, 오존층 파괴, 그리고 다양한 생태적 위험들은 환경과 삶의 질의 문제일 뿐 아니라 삶 그 자체의 문제이다.

오늘날 환경의 위험은 역사상 다른 때보다 몇 배는 더 크다. 그러므로 유교의 가치와 유교 성경에 대한 접근은 점점 더 중요해진다. 만약 적절한 과정이 뒤따른다면 우리는 우리 환경 안에서 편안하게 사는 기회를 잃지 않아도 되며 환경이 우리 때문에 고통받지 않아도 된다.

네 부분 안에서의 조화

랍비 쿡(Avraham Yitzhak haKohen Kook)은 다음을 썼다.:

> 한 남자는 그의 영혼에 대해 노래했다. 그의 만족감이 성취됨을 위해. 다른 이는 그의 국민을 위해 노래했다. 그의 개인적인 영혼의 범위를 뛰어넘어, 유대인들에게 부드러운 사랑을 주며 그녀와 함께 그녀의 노래를 부른다. 세 번째 남자의 영혼은 유대인들의 범위를 뛰어넘어 그의 영혼은 신의 위대함의 반영이자 증거인 모든 인류를 감싸 안는다. 네 번째 남자는 전체 우주와 모든 생명체와 모든 세상을 위해 노래한다.

15. 신도(神道)

이 성명서는 일본에 있는 모든 신사 참배하는 단체들의 대표자, 혼초 신사(Jinja Honcho)에 의해 준비되었다.

우리가 가지고 있는 가장 오래된 문학책인 『고사기』에 의하면 우주의 탄생 때 혼돈으로부터 다양한 신들이 나타났다. 남자와 여자 쌍으로 된 신들이 마지막으로 나타났고 섬을 낳았고, 그들의 자연환경을 만들었으며 몇몇 신들도 낳았다. 그리고 그들은 일본인들의 선조가 되었다.

고대 일본인들은 이 세상의 모든 것들이 신 부부에서부터 태어났기 때문에 그들 자신의 영성을 가지고 있다고 생각했다. 그러므로 이 세상의 자연환경과 인간 사이의 관계는 마치 형제자매와 같은 혈육관계였다.

일본과 같이 쌀농사에 기초한 농경사회에서는 이 지구상의 모든 것들-산, 강, 태양, 비, 동물, 식물, 사람들-과 일치를 이루고 조화를 이루지 않으면 존속할 수가 없었다. 그래서 사람들이 그들이 함께 일하고 그들의 규칙에 따라 온전히 행동하고, 동시에 서로를 돕고 지원해줄 때만 그들의 사회를 번영할 수 있다는 생각을 키운 것은 자연스러운 현상이었다. 이것은 다양한 신, 땅, 자연, 사람을 숭배하였으며, 무엇보다도 이 모든 자연의 요소들 간의 조화를 감사드리는 정신이 발달했다.

신도의 신

신도는 땅, 자연, 그리고 신의 자식인 인간들을 모두 뜻한다. 따라서 이 지구상에 존재하는 모든 것은 신이 되는 책임이 있다. 그럼에도 인간에게 좋은 방향이든, 실이 되는 방향이든 엄청난 영향을 준 자를 신으로 숭배하는 것은 금지되어있다. 자연요소들이나 자연현상들은 그런 막대한 힘을 가지고 있기에 비신, 강신, 번개신, 바람신, 산신, 바다신이 있다. 이 모든 신은 농경사회에서 쌀 재배와 관련이 있다.

산신에 관하여, 이것은 사람들이 쌀농사를 위해 선이 중요한 수급원이라는 것을 알면서 시작되었다. 그리고 사람들은 산 그 자체를 신성한 것으로 여기기 시작했다. 이러한 산에 대한 믿음은 산의 숲을 보존하는 것 뿐 아니라 생태계 순환을 보호하는 것까지 포함한다. 예를 들어 산 숲이 풍부한 영양분을 강을 통해 바다에 전달하기에 물고기를 충분히 잡을 수 있기 때문이다.

고대에, 신성한 산을 향한 숭배는 산에 직접적으로 존경을 표하는 방법으로 표현되었다. 요즘은 신도는 신의 영혼이 영원히 사는 곳에 빌딩, 복합건물을 가지고 있고 사람들은 마츠리[축제]라는 신에게 바치는 축제를 이 건물에서 옭으로서 숭배한다.

매년마다 각각의 지역에서는 다양한 형태의 마츠리가 진행된다. 크던 작던 이러한 마츠리는 농사 일정에 기초한다. 매년 가장 중요한 두 개의 축제는 키넨사이라고 불리는 봄의 축제와 니나메사이라고 불리는 가을의 축제다. 키넨사이때는 풍요의 신에게 기도드리며, 니나메사이때는 성공적인 추수에 대해 감사를 드린다. 이러한 문맥에서 신도는 땅과 자연과 이러한 자연요소들이 인간에게 주는 인생에 대해 숭배하고 감사드리는 것으로 이루어져있다고 말할 수 있다.

신을 숭배하며 신도는 고대 일본인의 삶의 방식을 통해 자연스럽게 발달했다. 성경이나 교리는 없지만 사람들은 "팔백만의 다른 신들"이라 묘사될 만큼 수많은 신들을 숭배한다. 여신인 Amaterasu Ohmikami는 그들 중 가장 추앙받는다. 그러나 유일신이나 수많은 신들 사이의 계급은 절대로 존재한 적이 없으며 현재도 없다. 그러나 각각의 신은 그를 숭배하는 자들에게 저마다의 특성을 주며, 그것이 각 신의 덕이라 믿는다.

신도로부터의 제안

신도는 이 땅과 환경을 신의 자식이라 간주한다. 즉 다시 말해서 신도는 자연을 신 그 자체로 생각한다. 요즘 사람들은 자주 "자연에게 부드럽게 대하라." 혹은 "지구에게 부드럽게 대하라." 라는 말을 한다. 그러나 이러한 표현은 마치 앞뒤가 바뀐 것 같이 들린다. 우리는 이것을 인간의 오만함이라 느낀다. 이것은 마치 인간이 주인인 양 자연을 지배하고 결국 자연을 과학기술의 수단을 써서 "고치겠다."라는 말처럼 들린다. 그러나 신은 모든 생명의 근원이며 모든 생명은 신과 깊이 연관되어있다. 이것은 삶의 신성함의 인지로 이끌며 신이 주신 삶에 대한 감사로 우리를 이끈다.

고대부터 일본인들은 자연과 각각의 존재를 경외와 감사를 가지고 마주했다. 그리고 그들은 "자연의 선물로서 인간에게 주어진 것들을 원래의 장태로 놀려놓자."라는 규칙을 사용해왔다. 에도시대(1603-1867)까지 이런 일본사회의 순환시스템은 잘 작동해왔다. 그 이후에 근대 산업의 발달로 물질적인 관점으로 보자면, 일본인들의 삶의 질은 향상되었고, 현재 사람들은 욕망의 삶을 즐기고 있다. 그러나 사실상 고대 선조로부터 물려받은 일본인의 정신력은 점차 없어지고 우리의 의식 저편으로 사라지고 있다. 고대인들이 가지고 있었고 우리에게 가르쳤던 자연에 대한 경외심, 숭배, 그리고 감사의 부족 때문에 환경문제뿐 아니라 모든 현대 사회의 문제가 생겨났다고 말해도 과장은 아닐 것이다.

결국 환경문제들은 우리의 문제에 대한 자각과 책을 지겠다는 결심에 달려있다. 우리는 종종 사람의 관점에 따라 모든 것이 다르게 보인다고 말한다. 따라서 신도는 우리가 우리의 관점을 바꾸고 우리의 환경을 "숭배와 감사"하는 정신을 가지고 보길 바란다. 이 정신은 아이를 돌보는 부모의 마음 혹은 형제자매의 정신과 같다. 그리고 만약 우리가 이러한 정신을 우리의 이웃, 우리의 사회구성원, 우리의 국민, 세계인들, 그리고 나라에게까지 확장하여 적용시킬 수 있다면, 그리고 생각, 종족, 종교의 차이를 초월할 수만 있다면 이러한 정신은 인간의 인생을 건강하게 지켜줄 것이다.

16. 시크교

이 글은 국제 시크교 협의회의 요청에 의해 SATS가 현재 시크교의 다섯 교주 중 하나인 the Jathedar of Anandapur, Sri Singh Sahib Manjit Singh의 도움을 받아 편집하였다.

신은 세상을 영성을 신천하는 곳으로 만드셨다.

- 구루 그란트 사힙(1035)

시크교도의 경전인 구루 그란트 사힙은 인간의 목표가 더 없이 행복한 경지에 이르는 것, 또 지구와 그 안의 모든 창조물과 조화를 이루는 것이라고 명명한다. 그러나 사람들은 이런 목표를 잊은 것처럼 보인다. 오늘날 지구는 문제들로 가득 차 있다. 지구는 거주자들의 운명과 그들과 함께하는 미래를 재검토하고 있다. 지구는 전례 없는 위험에 처해있다. 호수와 강은 질식하고, 해양생물들은 죽어간다. 숲은 황폐화되고 있으며 미세먼지가 도시를 뒤덮는다. 인간들은 서로를 이용하고 착취한다.

세계 각지에 있는 많은 나라들, 많은 사람들 간에는 위기감이 조성되어 있다. 개인적인 욕구와 필요 그리고 국가의 경제성장은 천연자원들을 고갈시킨다.

근대에 지구의 생태계가 더 이상 지속가능하지 않다는 우려가 제기되고 있다. 지구가 맞닥뜨린 주요한 위기들-사회 정의의 위기와 환경의 위기-은 지구를 파멸의 길로 몰아가고 있다. 사회 정의의 위기는 인류의 인류에 대한 대립에서 비롯되고, 환경의 위기는 인류의 자연에 대한 대립에서 야기한다.

사회정의의 위기란 곧 가난, 기아, 질병, 착취와 불의의 만연을 뜻한다. 시장과 자원을 위해 사람들은 전쟁을 일으킨다. 가난한 자들과 주변인들의 권리가 침해당하고, 인구의 반을 차지하는 여성들의 권리도 무시당한다.

자연에 대한 무분별한 개발이 야기한 환경의 위기는 재생 가능한 자원들의 고갈, 삼림의 파괴, 또 주거와 농작을 목적으로 한 대지의 과도한 이용을 불러일으킨다. 오늘날 대기, 땅, 물은 모두 오염되고 있다. 공장과 가정집, 또 차에서 나오는 매연이 공기 중에 떠다니며, 공업 폐수와 소비자 폐기물은 강과 계곡, 연못과 호수를 오염시키고 있다. 이러한 폐기물의 대부분은 현대기술의 산물이다.: 그것들은 자연적으로 분해되지 않고 재활용이 불가능하며 이것들이 장기적으로 미칠 영향은 미지수이다. 많은 식물종과 동물종은 물론이며 인간종의 생존 가능성도 위협받고 있다.

이런 위기는 즉각적인 대책을 요한다. 이는 또한 인간 본연의 목적에 대한 고찰과 인류에 대한 이해, 신의 창조물에 대한 이해가 필요함을 상기시킨다.

우리는 신이 있음을 인지한, 신을 믿는 사람들의 국제적인 모임인 구루 나나크의 시야를 차용해야 한다. 이 영적인 존재들에게 이 지구와 온 우주는 신성하다.: 모든 생명은 하나이며 그들의 임무는 전 인류의 정화이다.

구루 나나크는 15 세기 후반에 시크교의 기반을 닦았다. 그와 그를 계승한 인간 구루들, 또 다른 영적 지도자들의 글은 구루 그란트 사힙라고 알려진 경전에 담겨있다. 구루 그란트는 구루 고빈드 싱이 더 이상 인간 구루는 없다고 선포한 1708 년부터 구루의 자리에 있었다. 구루 나나크와 그의 후계자들은 그들의 생을 바쳐 영적 인식과 윤리적 고결함을 바탕으로 하는 이상적인 사회를 건설하기 위해 애썼다. '시크'라는 이름은 진실의 제자, 학습자라는 뜻이다.

그루 나나크와 그의 철학은 사람들이 그들의 우위에 만드는 현실이 그들의 내적 상태를 반영한다고 보았다. 현재 지구의 불안정한 생태계-인간의 외부환경-는 그저 현대 사람들의 내적 불안감과 고통의 반영이라는 것이다. 또 점점 황폐해져가는 대지는 사람들의 공허함을 반영한다.

세상에 드러난 이런 문제들의 해결책은 신의 후캄(hukam)을 받아들이고 기도하는 것이다. 시크교의 특정한 개념들은 번역하기가 껄끄러운데, 후캄이란 신의 의지, 질서와 체계를 동시에 의미한다고 간주하면 된다. 양심적인 사람들은 겸손한 자세로 신성한 영을 따름으로서 환경적 위기와 사회 정의의 위기를 고쳐 나갈 수 있다. 시크교에서 이는 신성한 지도자이며 신의 사자인 구루의 자도 하에 행하여진다.

이하의 인용문들은 구루 그란트 사힙에서 발췌하였다.

삼계명

시크교 이론가인 카푸르 싱(Kapur Singh)은 시크교의 교리에는 그 안에 녹아있는 삼계명이 있다고 말한다.

1. 영과 물질에는 근본적인 차이가 없다.
2. 인간은 영적 진보에 동참할 수 있는 능력이 있다.
3. 영적 진보의 궁극적 목표는 현실 세계가 영적인 차원의 실재(實在)

로 도약할 수 있도록 땅에는 발을 디디고 하늘로는 신과 소통하며 조화를 이루는 것이다.

영과 물질의 통일, 그리고 만물의 상호연결성

시크교는 영과 물질이 상반되는 개념이 아니라고 본다. 구루 나나크는 영만이 실재하고 물질은 영의 형태에 불과하다고 명시한다. 영은 다양한 조건 하에 많은 형태를 취한다.

> 내가 진정으로 눈을 떴을 때, 모든 것이 태고의 것임을 보았다. 나나크, 신비로운 것[영]과 총체적인 것[물질]은 하나이다(281).
> 사람의 내면과 외면은 같고 그 외의 것은 존재하지 않는다. 신은 모든 존재를 하나로 여기시며 차별하기 않으신다. 모든 존재는 같은 빛을 속에 지니고 있다.(599)

물질적인 것과 영적인 것의 차이는 인간의 생각 속에만 존재하는 것이다. 영과 물질을 명백히 하나로 보지 못하고 다른 것으로 나누어 생각하는 것이 인간의 한계이다.

물질적 우주는 신의 창조물이다. 세계는 신으로 말미암아 신으로 끝맺으며, 모두 신의 후캄에 따라 흘러간다. 구루 나나크는 신만이 지구를 창조한 순간과 그 목적을 아신다고 말했다. 우주의 기원은 우리가 닿을 수 있는 지시의 범위 밖에 있다. 창조 그 자체와 태초의 원자의 생성은 모두 신의 의지에 의해 찰나에 일어났다.

시크교 경전에 적힌 우주의 탄생은 최근 과학계에서 추측한 우주의 기원과 놀라울 만큼 닮았다. 시크교 경전의 "창세의 찬송가"라 불리는 찬송가는 우주가 존재하기 전 혼돈의 공허를 묘사한다(부록1).

구루 나나크는 인간의 이해를 뛰어넘는, 무수한 은하와 무한의 우주들을 언급한다. 오직 신만이 그 창조물의 한계를 아신다(부록3).

신은 그만이 아는 이유로 우주와 지구를 만드셨다. 온 우주가 신의 손길을 받아 만들어졌기 때문에, 만물은 신성하다. 신은 모든 존재에 깃들어 계신다(부록4).

신은 이 세상을 만드시고 또 감독하신다. 세상의 모든 행동들은 신의 후캄에 따라 행하여진다. 신만이 그 행동들의 이유와 방법을 아신다. 그러나 신은 그저 이 장대한 영화를 지켜보시기만 하지 않고 자애롭게 보듬어주신다. 마치 자상한 아버지처럼.

> 인간들, 식물들, 성지, 신성한 강둑, 구름, 들판, 섬, 행성들, 우주, 대륙들과 태양계.
> 탄생의 근원들, 난생, 태생, 흙에서 태어나는 것들과 대양, 산들과 지각이 있는 존재들.
> 그, 나의 왕, 그는, 신은, 그들이 어떤 상태인지 알고 계신다, 오 나나크. 나나크, 신은 그들을 만들었기 때문에 그들을 모두 돌보신다. 이 세상을 창조하신 그 분은 이 세상을 보살피신다(466).

이 세계는 모든 창조물들과 같이, 신이 형상화한 것이다. 모든 존재, 모든 식물, 모든 형태는 창조자의 형상이다. 모든 것이 신의 일부이며 신은 모든 것에 깃들어있다. 신은 모든 것의 근원이며 모든 존재의 근간이다. 창조자는 자신을 만드셨다. 또 그가 깃든 모든 것들을 만드셨다.

> 당신 자신이 호박벌이시며, 꽃이시고, 과실이시며 나무이시다.
> 당신 자신이 물이시고, 사막이시며, 대양이시고 연못이시다.
> 당신 자신이 물고기이시고, 거북이시며, 원인의 근원이시다.
> 당신의 형태는 불가지이다(1016).

신은 그가 창조한 세상의 모든 종들과 인간들에게도 도움과 돌봄의 수단을 주셨다.

시크교에서는 인간이 자연을 고려하는 것은 내재되어있는 본성이라고 본다. 모든 피조물은 같은 곳에서 오고 같은 곳에서 끝나기 때문에, 인간은 그 사이에서 그들의 위치와 다른 피조물들과의 관계를 알고 있을 것이다. 사람들은 그들의 삶을 사랑과 동정, 그리고 정의를 가지고 살아가야 한다. 신의 조화를 이루는 것은 신의 모든 창조물과 조화를 이루려는 노력을 통해 성취된다.

영적 훈련

제 2계명은 굉장히 통제된 삶을 살며 세계에서 활동하는 인간들이 영적 진보가 가능하다고 말한다. 그것을 위해 중요한 것은 영적인 것을 물질적인 것보다 우선시하면서도 물질적인 존재를 부정하지 않는 것이다. 인간이 세계를 포기할 필요는 없다. 그들은 세상에서 삶을 영위해나가야 하며, 모든 의무들을 실행해나가야 한다.

인간은 많은 것을 버리고 간소한 삶을 유지해야 한다. 영적 진보는 개인이 자신을 구루의 가르침에 맡기는 것으로 시작된다(부록6).

중점은 자기 자신을 완벽히 통제하고 인식하는 것에 있으며, 자연이나 다른 존재를 통제하는 것에 있지 않다. 시크교도는 눈에 띠기 위한 허비에 반대한다. 구루는 물질적, 문화적 자원을 신중하게 이용할 것을 권고한다.

> 어차피 남기고 갈 것에 왜 집착하느냐. 부유해지는 것, 순간적 쾌락, 그것으로부터 누가 너를 풀어줄 것인가? 너의 집, 말, 코끼리와 사치스러운 차 그것들은 모두 허황된 장식일 뿐이다.

구루들은 인간이든 아니든 생명의 존엄성을 존중하라 가르친다. 이런 존중은 개인이 자신에게서, 또 다른 모든 생명에서 신성한 빛을 발견하여 그것을 아끼고 사랑해줄 줄 아는 것에서 시작된다.

인간의 몸이란 자그마한 성지
삶이라는 대단한 기회
만물은 사랑받는 자, 절대자를 만날지어다.

인간은 그들의 영적인 진보를 의식적인 선택에 의해 한 단계 발전시킬 수 있으며, 그들이 어떤 방법을 선택할 것인가가 중요하다. 구루 나나크가 제안하는 방법은 영적 훈련 중 하나로, 명상과 기도 그리고 나눔이다. 시크교는 다섯 개의 부정적 힘을 통제하는 것을 강조한다. 욕망, 화, 물질적 탐욕, 자만과 욕심이 그것이다. 이들은 모두 합쳐 시크교도들이 하우마이(Haumai)라 부르는 것이 된다. 하우마이를 통제하는 것은 다섯 가지 긍정적 힘을 기르는 것을 통하여 이루어진다. 공감, 겸손함, 사색, 만족, 그리고 대가를 바라지 않는 봉사가 그것이다. 주요한 미덕은 사랑과 용서이다.

삶에서의 모든 결정은 이성과 개인적 윤리에 따른 것이어야 한다. 구루 나나크의 가치에 대한 철학은 이런 영적 훈련을 통해 개인이 그 자신을 초월해야 한다고 말한다. 시크교는 강한 가족 간 유대를 강조한다. 영적 훈련을 수행하고 있는 개인은 가족 구성원들 또한 영적 진보를 이루도록 도와주어야 한다.

시크교인의 목표는 선행을 향한 강력한 열망을 가지는 것이다

제 삼계명은 인간의 진정한 끝은 일상적이고 물질적 세계에 발을 디딘 채로 신을 믿는 존재로서의 출현에 있다고 본다. 우리의 목적은 그 물질적 세계를 더 높은 차원의 존재로 보내는 것이다. 이 영적 단계에서 개인들은 선행을 현실은 강한 열망에 휩싸여 그들의 주변 환경을 바꾼다.

구루에 의해 제시된 방법을 따라 사는 삶을 통해 사람들은 더 높은 영적 수준을 지닐 수 있다. 그 수준에 도달한, 진정으로 해방된 용감한 영들(jivan-mukta, brahma-gyani)은 인류와 그들의 주위 환경의 진정한 후원자가 된다. 이런 개인들은 다른 사람이나 지적 존재를 착취하지 않을 것이다. 모든 존재는 신의 현현이기 때문이다. 이 신을 인지하는 상태에서는 만물에서 신이 보인다.

> 나는 모든 빛과 생명에서 당신을 봅니다.
> 나는 모든 면과 시야에서 당신의 힘을 느낍니다.(464)

정화란 물질적 압박과 유혹에서 벗어나는 것이다. 그것은 우주의 질서를 인지하고 신의 의지의 집행에 따라 살려고 노력하는 것이다. 따라서 영적인 인간은 창조적이며 건설적이다. 따라서 시크교인들의 인생은 다른 개인들과, 다른 생명체들과, 다른 형태의 것들과의 조화로운 삶이다. 계몽한 개인들에게 세상에는 한 가지 목적만이 존재한다.: 영적으로 수행하는 것. 그것이 모든 인간의 궁극의 목표이다.

이러한 사람은 인간 문제와 사회와 연루가 되어있고 그의 유효함을 그곳에서 증명해야 한다. 이러한 사람은 임무를 띠고 살아가며 모두의 해방을 위해 노력한다. 진정한 시크교인은 개인적인 인간의 권리, 환경, 그리고 모두를 위한 정의를 위해 살아간다.

신을 아는 자는 세상에서 선행을 행하려는 강인한 의지가 있다. (273)

철학의 실천

통합적인 접근: 사회 정의가 없는 환경에 대한 보살핌은 불가능하다

환경적인 문제들은 인간 개발과 사회 정의의 더 넓은 문제 중 하나라고 여겨진다. 많은 환경적인 문제들은 특히 개도국에서 나타나는 환경자원들의 무분별한 이용은 인구의 대부분의 빈곤 때문에 일어난다. 그러므로 통합적인 접근법이 필수적이다.

시크교는 인류의 투쟁이 자연에 반하며 인간의 우월함은 자연을 "조련"하는 데에 있다는 의견에 반대한다. 목적은 영원한 신과 조화를 이루는 것이다. 이것은 모든 존재와 조화를 이루며 산다는 것을 뜻한다. 조화의 삶을 추구하는 것은 따라서 개인적인 권리와 환경주의를 지지하는 것을 의미한다. 어떠한 자나 어떠한 것에 대해서도 불의를 저지르는 것에 반대하는 삶이다.

열 번째 구루는 1699 년에 칼서의 법칙을 설립했다. 그것의 멤버들은 시크교의 정신적인 훈련을 수행하고 세계사회의 보전과 보급을 보장하기 위해 헌신했다. 지난 3 세기 동안 칼서의 멤버들은 심지어 목숨을 걸고서도 억압받고 박탈당한 권리를 위해 일어났다. 칼서의 세계사회에 대한 비전은 이렇다.:

향후는 신의 의지에 달렸다.
어떠한 자도 타인을 강압할 수 없다.
어떠한 자도 타인을 착취할 수 없다.
개인들은 빼앗을 수 없는 행복과 자아성취를 추구할 수 있는 생득권을 부여받았다.

사랑과 설득은 사회의 결속력의 유일한 법칙이다.

칼서는 인간의 자유와 존엄성을 해하는 어떠한 힘에도 반대했다. 18세기에 인도의 북쪽에는 억압적인 통치자가 있었고 아프가니스탄으로부터 침략자가 있었다. 19세기와 20세기에 그들은 유럽 식민지 주인들과 인도 정부에 의한 억압에 반대해 투쟁했다. 칼서는 신의 창조물의 열매들을 얻고 즐기려면, 정의를 얻기 위해서는 모두의 참여가 필요하다고 한다. 정의는 협력하는 노력을 통해 얻어진다. 칼서의 이상은 단지 그들 자신 뿐 아니라 모두를 위한 정의를 위해 투쟁하는 것이다.

sangat pangat langar의 기관

시크교의 구루는 그들의 삶을 통해 시크교인들의 롤 모델을 제시한다. 그들은 모든 인간의 평등함을 강조하기 위해 적극적으로 힘쓰며, 경직된 인도의 카스트제도에 도전한다. 시크교의 진정한 존재의미는 도전에 있다.

1. 사회의 불평등 그리고
2. 약자에 대한 착취 그리고 종교적인, 정치적인 기구의 미미함

시크 구루들은 그들의 원칙대로 사는 것과 착취와 억압에 맞서는 많은 예시를 제시한다. 그들은 구루 나나크가 말했듯이 "낮고 가난한"자들 편에 선다.

가장 낮은 카스트 중에 가장 낮은 자들이 있다.
나나크, 나는 그들과 함께 갈 것이다. 위대함에 관하여 나는 무엇을 할 것인가?
신의 자비의 눈은 낮은 자를 돌보기 위해 낮은 곳을 보고 있다.(15)

시크 구루들은 그들이 처한 현재 상황에 대해 도전했고 확고한 엘리트들-정치적, 사회적, 종교적, 그리고 경제적인 엘리트들-과 갈등을 빚었다. 구루들은 사회의 탄압받고 짓밟히는 하층민들에게 연민을 느꼈다. 그들은 전에도 그래왔고 지금도 잔존하는 카스트제도에 기반한 사회적인 분리에 반대했다. 그들은 그들을 가난한 자와 동일시했으며 그들의 불행에 대해 책임이 있는 자들에 대해 매우 비판적이었다. 그들은 여행하는 동안 착취하고 빼앗아 잘 사는 부자의 집에서보다는 정직한 삶을 사는 집에서 머물렀다.

두 명의 시크 구루는 동시대의 권위자들에게 그들의 정권에 대해 도전했다는 이유로 순교되었다. 그들 중 한명인 구루 테흐 바하두라는 그가 카슈미르에 사는, 그들의 통치자로부터 이슬람교를 강요받는 힌두교 주민의 종교적인 자유를 옹호했다가 순교했다.

시크 구루들은 또한 더 평등한 사회의 본보기가 되기 위해 전통적인 인생을 살았다. 그들은 시크교 사회에 근간을 하고, 모두의 평등에 기반한 많은 기관들을 세웠다. 시크 구루들은 함께 명상하기 위해 모든 카스트에 있는 사람들과 교리를 불러 모았다, 그것은 사갈(sagat)이라고 불린다. 명상 전후에 사람들은 평등함을 형성하기 위해 그들의 사회적 배경과 상관없이 함께 앉아서 먹기를 요구받는다. 이 과정을 판갈(pangat)이라고 부른다. 시크 구루들은 시크 회의장에서 부자와 가난한 자에 상관없이 자유롭게 음식을 배분하는 전통을 시작했다.

이것은 란가르(langar)라고 불린다. 이 세 가지 개념은 사회적인 계급에 따라 사원이나 우물을 분리하는 인도사회의 관습과는 대조를 이루었다. 이러한 시크 구루에 의한 변화들은 종교적인 단체들로부터 수많은 반대를 불러일으켰다. 그러나 그들은 오늘날까지 시크교 관행을 따르며 산다. 칼서가 만들어짐으로서 구루는 자유를 보호하고 지킬 수 있는 시스템을 구축했다.

여성의 평등

여성과 그들의 권리는 너무나 오랜 시간동안 무시되어왔다. 사회적인 정의와 환경의 문제를 해결하려는 어떠한 접근도 여성의 목소리에 대해서도 민감해야 하며 공정하게 여성을 포함시켜야 한다.

종종 환경문제에 대한 단편적인 해결책들은 오염의 확대를 막는 것과 가족계획에 초점을 맞춘다. 대부분의 가족계획 수단들은 여성의 권리를 침해하는 결과를 가져 오고, 그렇다는 이유 하나만으로도 거부되어야 한다. 그러는 동안 그들은 여성들 사이에서 가족계획에 대한 불신 퍼트린다.

구루 나나크와 다른 시크 구루는 그들의 일생동안 여성의 평등성과 존엄성을 주장해왔고 이러한 원칙들을 이행했다. 구루 나나크는 영성이 여성을 위한 것이 아닌 오직 남성만을 위한 것이라는 통념을 비난했다. 첫 번째 시크 구루는 그의 설교에서 그리고 그의 문헌에서 여성은 남성보다 못한 존재가 아니라고 강조하였다.:

> 한 자의 아내가 죽으면 그 자는 다른 아내를 찾는다. 그리고 그녀의 사회적인 유대를 결속시킨다. 왜 우리는 지도자와 통치자를 낳는 여성들을 비난하는가? 모든 자는 여성에게서 난 자이거나 여성이다. 어떤 누구도 다른 방법으로 태어나지 않는다. 신만이 이 규칙의 예외이시다(473).

구루 아마르 다스는 16 세기에 사티에 대해 강력하게 반대했고, 미망인의 결혼을 주장하였다. 사티는 인도에서 과거 살아 있는 아내가 죽은 남편의 시신과 함께 화장되던 풍습이다. 구루 아마르 다스는 여러 명의 여성 설교자를 지목했고 임명했다. 그 결과 적어도 한 여성

교주였던 마스라 데비는 400 년 전에 존재했다. 시크 구루들은 또한 퍼다와 면사포에 대해서도 그들의 목소리를 키웠다. 구루 아마르 다스는 하리푸르(Haripur)의 여왕이 종교적인 의미로 면사포를 쓰는 것조차 허락하지 않았다.

이러한 개역들의 즉각적인 영향은 여성이 남성과 동등한 지위를 얻었다는 것이다. 사회의 천한 노예처럼 살았던 자들이 가장 좋은 계급에 있는 자들과 동등해질 수 있다는 새로운 희망과 용기를 갖게 되었다. 시크교의 정신을 가진 여성들은 그들이 무력한 존재가 아니라 그녀의 의지를 가질 수 있는 권한을 부여받은 자로 일으켜 세워주는 것이다. 즉, 그녀가 사회적으로 그녀의 운명을 스스로 만들어 갈 수 있도록 해주는 것이다.

여성들은 그들의 권리와 존엄성을 스스로 지킬 수 있게 되었다. 그들은 또한 폭군에 맞섰다. 불필요하고 불합리한 관습의 굴레를 벗어던지고 시크교 여성들은 남성의 현세적이고 정신적인 지원자가 되었으며, 종종 "남성의 양심"의 역할을 하였다. 시크교 여성들은 그들 자신이 헌신, 희생, 그리고 용기의 측면에서 남성과 동등하다는 것을 증명했다.

19세기 후반부터 시크교 사회조직은 모두에게 교육의 기회를 확장시키려는 노력을 해왔다. 시크교인들은 다양한 도시와 마을들에서 여성을 위한 대학과 학교를 운영하기 시작했다. 여성의 교육은 시크교 조직들이 1920년대에 탄생하기 시작하면서부터 시크교인들의 교육수준을 한 단계 향상시키는 원동력이다. 펀자브의 마을에서, 그리고 시크교인들이 상당히 많이 거주하는 도시들에서는 시크교조직들에 의해 운영되는 학교와 대학들이 있었다.

사회에 기반한 자원의 배분

전통적인 농사와 인도북부의 삶은 매우 제한적인 자원에 의존해왔다. 많은 수의 사람들이 상대적으로 제한된 자원에 의존하는 상황에서 전통적인 삶의 방식은 최소한의 자원만을 사용하고, 상당부분을 재사용 및 재활용하는 것을 중요시했다. 생물자원에 기반한 문화에서 재활용은 필수적이며 자원순환의 자연스러운 부분이다. 나눔의 전통이 특히 강했다.

인간의 거주 범위 내에서 공공 재산으로서 땅과 숲을 유지 관리하는 전통적인 관습이 있다. 예를 들어 인도와 펀자브의 전통 시골에서는 인간 활동의 가장 중요한 두 중심은 시크 구루드와라와 물의 원천인-연못, 탱크, 수영장, 그리고 흐르는 물-이었다. 이들 장소들은 모두 공공 사회의 땅으로 둘러싸여있었으며 누구의 소유도 아니었고, 농사를 위해 쓰일 수 없는 곳이었다. 이곳에는 나무들과 식물들이 있었고, 작은 숲도 있었다. 그들은 그늘과 피난처를 제공하였고 가까운 거리 내에서 땔감을 제공해주었다.

구루들은 도시와 마을을 건설했는데, 각각은 종교적인 중심지 주변에 만들어졌다. 그것의 초점은 나눔을 기초로 하는 삶의 방식이었다.: 사람들 사이에서 평등을 옹호하고, 자원의 이용을 최적화하는 삶의 방식이다. 오늘날까지도 펀자브의 시골 가족들은 그들의 이웃들과 함께 자원을 나눈다. 이것은 결혼식과 같은 성대한 가족 행사가 있을 때 특히나 명확하게 드러난다. 이때는 모든 마을이 주인과 하객 역할을 하며 집과 침대와 그 모든 것을 공유한다.

대부분의 인도에 있는 구루드와라는 물탱크를 가지고 있거나 계류 주변에 위치하도록 특별히 설계되었다. 이것은 언제나 사회 자원을 고려하기 때문이다. 예를 들어 암리차르는 하리만다르와 암리타 사로 바 주변에서 커 나갔다. 구루드와라 주변에 위치한 도시들과 마을들은 나눔에 기초한 영적인 삶의 방식 중심 위에 있는 것이다.

구루의 시대부터 시크교의 구루드와라는 자원의 나눔을 강조하는 실천을 제도화했다. 구루드와라스는 사람들이 기도와 명상을 위해 모이는 장소라는 것에 덧붙여서 여행객들과 타인들이 머물러가는 곳이기도 했다. 공동 부엌, 비상약품과 진찰을 받을 수 있는 곳, 그리고 어린 아이들을 위해 교육해주는 장소도 마련되어 있었다. 구루드와라는 언제나 여행객과 방문객의 피난처가 되어주었고 가장 큰 구루드와라는 방문객들이 머물 수 있는 방도 가지고 있었다. 또한 시크교 구루드와라는 추가적인 침대, 이불, 조리기구 등을 구비하고 있었다. 결혼식이나 다른 가족행사 때는 구루드와라는 이러한 물건들을 빌려주는 곳이 되었다.

낭비를 피하라는 것은 언제나 강조되어왔다. 전통적으로 지역사회의 주방에서는 잎으로 만든 접시와 진흙으로 빚은 컵을 사용해왔다. 오늘날 그들은 철제 식기를 쓰는 경향이 있으나 그 모든 식기류들은 재사용된다. 식당들은 언제나 평민들인-농부, 상인, 그리고 타인들로-가득 차 있다.

흡연에 반대하는 시크교

흡연은 직접흡연 간접흡연에 관계없이 모두 건강에 해롭다는 것은 이미 알려진 사실이다. 환경을 해치는 것에 덧붙여서 흡연하는 자에게도 매우 유해하고, 간접흡연을 하는 자에게도 해를 끼치며, 특히나 여성 흡연자의 태아에는 치명적이다. 이러한 사실이 지난 반 세기 안에야 과학적으로 증명되었으나, 시크교의 마지막으로 살아있는 구루 고빈드 싱은 담배의 사용을 네 개의 주요 금지 항목 중 하나로 지정했다. 담배가 인도에 1600년대 중반에 도입되었으나 그는 지혜롭게 1699년에 분명한 금지명령을 내렸다. 처음부터 시크교는 의학적인 용도 외의 어떠한 목적으로도 약물이나 환각제의 사용을 금지하였다.

결론

시크교의 이상은 상호존중과 협력과 개인에게 영적으로 성장할 수 있는 최적의 상태를 제공해줄 수 있는 기반을 가진 사회를 만드는 것이다. 시크교들은 협력적인 사회를 참된 종교적인 사회라고 생각하고, 시크교인들의 삶과 사회에 대한 관점은 모든 개인이 신의 축소판처럼 가치 있다는 것에 기초한다. 그러므로 개인은 이용되거나, 강요당하거나, 착취당하거나, 요구당해서는 안 된다.:

> 만약 신을 찾는다면 어떠한 개인의 마음을 상하게 하거나 일그러뜨려서도 안 된다.(1384)

모든 생명은 상호 연결되어있다. 인간의 신체는 많은 부분으로 구성되어있고 그들 모두는 그만의 이름과 위치와 기능이 있으며 그들 모두는 서로에게 의존한다. 같은 방법으로 이 우주의 모든 구성물들은 서로에게 의존적이다. 한 나라의 결정이나 한 대륙의 결정이 다른 자들에 의해 무시되어서는 안 된다. 한 장소에서의 선택이 나머지 세상에 비참한 결과로 이어질 수 있다. 모든 것은 하나의 체제의 부분이기 때문이다.

인생에서 특히 존재와 양육은 너그러운 자연에 달려있다. 인간은 지구로부터 자양물을 얻어야 한다. 그러나 그것들을 고갈시키거나 다

써버리거나 오염시키거나 태워버리거나 파괴해서는 안 된다. 시크교인들은 인간과 환경 사이의 신성한 관계를 깨닫는 것이 우리의 행성의 건강과 우리의 생존에 필수적이라고 믿는다. 너그러운 자연으로부터 제공되는 자원들의 보존과 지혜로운 사용을 강조하는 새로운 "환경적인 윤리"는 오직 우리의 오래되고 참된 영적인 유산을 이해하는 것에서부터 나올 수 있다.

17. 조로아스터교

이 성명서는 두 개의 가장 큰 조로아스타교 신앙의 이론적인 발전과 연구를 위한 교육 기관인 아타르반 교육 신탁과 조로아스타교 연구에 의해 준비되었다. 누구든 일곱 가지 창조물 모두를 보살피는 것을 가르치는 자는 아주 훌륭하며 너그러운 불멸자를 기쁘게 하는 것이다.

그러면 그의 영혼은 적의 영혼과 절대 가까워지지 않을 것이다. 그가 생명체들을 돌볼 때 이들에 대한 보살핌을 너그러운 불멸자가 그를 보살펴줄 것이다. 그리고 그는 이것을 물질세계에 있는 모든 인가에게 가르쳐야한다.

- Shayasht ne Shayast(15:6)

조로아스타교에 따르면 이러한 행동들은 세상이 온전한 상태로 회복되는"세상을 아름답게 만드는" 방향으로 우리를 이끌 것이다. 이 상태에서 물질세계는 절대로 늙거나 죽거나 쇠퇴하지 않을 것이고 영원히 존재하고 영원히 번영할 것이다. 죽은 자가 살아날 것이며, 삶과 불멸이 도래할 것이며 세상은 아후라 마즈다(Ahura Mazda)의 의도대로 온전한 상태를 회복할 것이다.

이 세상에서 인간의 역할은 현명한 신 뿐 아니라 일곱 너그러운 창조물인 하늘, 물, 땅, 식물, 동물, 인간, 그리고 신이 인간에게 선물한 불에게 복종하고 영광되게 하는 것이다.

조로아스터교의 신앙의 위대한 힘은 그것이 물리적인 세계에 대한 보살핌을 단지 영적인 구원을 찾기 위해서가 아니라 신의 목적이 있는 창조물인 인간들을 자연의 활력소나 일곱 창조물의 감독자로 세움에 있다. 유일한 인식을 하는 창조물로서 인간은 우주를 돌보는 궁극의 의무를 가진다.

신앙은 일곱 창조물을 돌보는 것을 일종의 공생관계로서 지지한다. 조로아스터교는 물질계를 조화와 완벽을 최종 목표로 하는, 삶과 성장이 상호의존하며 존재하는, 일곱 창조물의 자연스러운 배열이라고 생각한다.

이 목표는 최초로 지혜의 신인 아후라마즈다에 의해 받은, 하나였고, 오염되지 않고 더럽혀지지 않은 온전한 세상을 다시 창조함으로 얻어진다. 이 세상에서 그리고 일곱 창조물 안에서의 온전한 상태를 되돌리는 것을 위해 자라투스트라는 그의 신자들을 윤리적이고 올바른 길로 이끌어야 한다. 이것은 아후라 마즈다에 의해 인간의 삶에 심어진 신의 속성과 일곱 창조물들을 통합시켜야 이룰 수 있다. 조로아스터교인들에게 지혜의 본질을 인식하고 그것을 통해 진실과 질서, 그리고 정의를 증진시키기 위해 올바른 지식을 완전히 이해하는 것이 필수적이다.

이것은 또한 인생을 향한, 세상을 향한, 그리고 우주를 향한 적절한 주권을 행사하도록 도와준다. 적절한 주권의 행사는 정의로운 질서를 만들어낼 것이다. 그 결과 일곱 창조물에게의 헌신이 일어날 것이며, 그것은 완벽을 만들어내고, 세상을 아름답게 그리고 영원히 불멸로 만들 것이다.

이것은 인간이 지혜의 신의 창조물들을 향한 책임감을 보일 때만 가능하다. 모든 자연과 세상에 선한 것들을 오염시키고 더럽히는 자들은 지혜의 신과 창조물과는 상반된다. 왜냐하면 물질계는 이 세상에서 살고 존재하는 모든 것의 이익을 위해 만들어졌기 때문이다. 그들은 지혜의 신의 세상을 생명체들이 온전하고 일곱 창조물의 선함 안에서 살아가는 순수한 상태를 지켜야 한다. 조로아스터교는 또한 상대적인 세상을 작동시키는 근본적인 이원론의 존재를 인식한다. 현세는 우주적인 투쟁의 대상이라는 이론이다.

너그러운 영이신 스펜타 마이뉴(Spenta Mainyu)는 하늘의 수호자이시며 존재의 가장 중요한 원리를 쥐고 있으며 생명을 주는 권한이 있으며 세상에 빛과 정의를 가져온다. 너그러운 영의 적은 과도와 결핍의 상대적인 세상에 일시적인 존재인 악의적인 악령이다. 이 영은 그것의 본질적인 천성이 하우라마즈다의 선한 창조물을 파괴할 방법만을 찾으며, 삶을 무력화시키는 힘, 무질서와 죽음을 불러오는 힘을 가지고 있다. 이 세상은 영원한 갈등을 겪을 것으로 보이며 결국에는 제한된 시간이 끝나면 선함이 악함을 누르고 승리함으로서 해결될 것으로 보인다. 왜냐하면 그것이 아후라 마즈다가 한 확고한 약속의 이행이기 때문이다.

인류는 이 갈등에서 아후라 마즈다가 세상에서부터 악을 뿌리 뽑는 것을 돕기 위한 적극적인 역할을 하라고 명령받았다. 이런 선함의 승리는 조로아스터교인이라면 반드시 지켜야 하는 선한 생각, 선한 언어, 선한 행실의 윤리적인 원칙들을 고수함으로써 달성될 수 있다.

추가적인 명령은 더 큰 책임감을 부과한다.: 인간의 누적된 정의로운 행실은 그들이 아후라 마즈다의 힘을 강화시키는 데 그리고 악령인 아흐리만의 힘을 약화시키는 데에 필수적이다. 이 힘은 선한 생각, 선한 언어, 선한 행실의 실행을 통해 충전되며 현세에서 악과 싸우기 위해 필수적이다. 이는 아후라 마즈다를 끊임없이 강화시키고 이것은 신을 진실로 전지전능하게 만들어주며 반대로 악은 영원히 패배시킨다.

조로아스터교인들의 창조물들에 대한 헌신은 그 창조물들에게 바쳐지는 칭송기도의 형태로 나타날 뿐 아니라 신에 대한 제사에도 떼어놓을 수 없이 배어있다. 조로아스터교에서 가장 빈번하게 치러지는 제사의식은 자샨(jashan)의식인데, 모든 것이 조화로울 때 완벽한 순간을 재연하는 감사의 의식이다. 정교한 의식의 배치를 눈여겨볼 필요가 있는데, 의식이 치러지는 장소는 신성한 땅을 표현하며, 다른 여섯 개의 창조물들-하늘, 물, 식물, 동물, 인간, 그리고 불-은 땅 위에 상징적으로 표현되어 있다. 제사는 일곱 창조물을 달래기 위해 치러지며, 조로아스터교인들은 아후라마즈다에 의해 창조된 우주의 최고 질서를 재정립하는 책임의식을 고취시킨다. 조로아스타교인들의 땅에 대한 인식은 삶을 넘어서서 죽음과도 연관된다. 조로아스타교의 전통에서 죽음은 신의 일이라고 여겨지지 않는다.

그들은 죽음을 악령의 일시적인 승리라고 여기며 이러한 특이한 종말에 대한 이해는 독특한 시스템을 낳았다. 시체를 처리하는 방법은 이러한 종교적인 관점을 잘 나타내준다. 시체는 악에 의해 시달리는 것으로 생각하고, 그러므로 오염되었으므로 매장하거나 화장하거나 바다에 던지지 않는다. 시체를 다른 요소들에게 노출시키기 위해 지붕이 없는 돌탑 위에 놓아 새의 먹이가 되도록 한다. 그래서 요소들의 손실을 최소화시키는 것이다.

조로아스타교 예지자 자란쥬스트라(Spitaman Zarathushtra)는 살아서 아랄 해의 동북쪽 위대한 고국 이란에서 교리를 전했다. 예지자는 그의 신의 영을 받은 찬송가 'the Gathas'에서 영원한 신이며 단 하나의 최고의 신인 아후라마즈다에 의해 창조된 완벽한 세상을 노래한다. 그는 아후라마즈다를 태고 때부터 완벽하게 지혜롭고, 선하고, 정의로우며 탁월했다고 인식한다. 쟈란쥬스트라는 신을 완벽하고 윤리적으로 훌륭하다고 인식한다.

조로아스터교에서 아후라마즈다는 우주에 있는 모든 선함의 원천이라고 생각한다. 우주는 아샤(Asha)의 개념에 부합하며, 진리로부터 명령받고, 정의로 다스려진다고 생각한다. 가타스 안에서 자란쥬스트라의 신성한 찬송가들은 아후라 마즈다를 아샤(Asha)의 아버지라고 비춰진다. 그는 태양, 달, 별의 궤도를 만들었고 땅과 하늘을 지탱하는 힘을 만들었다. 물, 식물, 바람, 그리고 구름을 유지하는 것도 그이다. 그는 빛, 생명, 그리고 정의의 창조자이다. 아후라 마즈다를 도와서 우주의 번영과 행복을 보장하는 것은 조령, 즉, 수호자이다. 조령의 훌륭함과 영광과 함께 아후라 마즈다는 물질계의 질서를 만들었고 세계는 그것을 통해 유지된다고 한다.

그의 드러냄의 증거로 재란쥬스트라는 가타스에서 모든 인간을 위한 최고의 존재라고 정의한다. "이 자, 신성한 자, 정의를 통해 맹세한 친구로서 모든 존재들을 치유할 수 있고 모두에게 혜택을 주는 영을 가진 자이다"(Y.44.2.).

더불어 분노는 억제될 것이며 폭력은 무력화될 것이고 선한 마음을 치하하는 의미에서 정의는 보장될 것이다.(Y.48.7) 그의 신자들은 불화로 찢겨진 세상을 구원할 미래의 구세주를 약속받았다. 아후라마즈다의 세상은 악령을 무찌르기 위한 도덕적인 목적을 가지고 만들어졌다. 그리고 인류는 모든 악을 제거함으로서 최상의 존재를 보장하기 위한 기능을 할 것이다.

조로아스타교의 창조 이야기는 악령에 의해 파괴되는 것에 대한 적의 있는 폭행을 이야기한다. 하늘은 황폐해지고 뜯어져나갔으며 물과 땅은 오염되었다. 태고의 식물들은 말라죽으며, 인류를 따랐던 좋은 소는 병과 모든 종류의 악에 의해 시달린다. 그리고 불에서, 일곱 창조물들은 어둠과 연기로 뒤섞여있다.

세상의 최초 훼손은 오늘날 사회의 역할을 반영하는 좋은 목적을 가지고 만들어졌고 이것이 조로아스타교인들이 바꾸려고 하는 것이다. 이 종교는 독특하게도 고통, 증오, 악, 그리고 오염을 불러오는 것을 신의 변덕스러운 행동이라며 탓하지 않으며, 그것을 천성이 악한 악령의 공격이라고 한다. 신의 가장 정교한 창조물로서 우리는 회복과 쇄신의 과정을 통해 악의 힘에 대해 싸워서 온전한 세상을 얻으려 노력해야 한다.

참고문헌

Books and Articles

Berry, R. J. 1984. *God and Evolution: Creation, Evolution and the Bible*. London: Hodder and Stoughton.
Bowler, P. J. 1992. *The Fontana History of the Environmental Sciences*. London: Fontana.
Breuilly, E., and M. Palmer. 1988. *Christianity and Ecology*. London: Cassell.
Coleman, S., and J. Eisner. 1995. *Pilgrimage Past and Present in the World Religions*. London: British Museum.
Cooper, D. E. P., and A. Joy. 1992. *The Environment in Question: Ethics and Global Issues*. London: Routledge.
Crook, J. O. 1994. *Himalayan Buddhist Villages*. Delhi: Motilal Banrsidass.
Deane-Drummond, C. 1996. *A Handbook in Theology and Ecology*. London: SCM.
———. 1997. *Theology and Biotechnology: Implications for a New Science*. London: Geoffrey Chapman.
De Waal, E. 1991. *A World Made Whole: Rediscovering the Celtic Tradition*. London: Fount.
Dowley, D. T. 1990. *The History of Christianity*. Oxford: Lion.
Edwards, J., and M. Palmer. 1997. *Holy Ground: The Guide to Faith and Ecology*. London: Pilkington Press.
Gardner, G. 2002. "Engaging Religion in the Quest for a Sustainable World." Chap. 8 of *State of the World 2003*. Washington, D.C.: Worldwatch Institute.
Gosling, D. L. 2001. *Religion and Ecology in India and South East Asia*. London: Routledge.
Gottlieb, R. S. 1996. *This Sacred Earth: Religion, Nature, Environment*. New York: Routledge.
Hamilton, L. S. 1993. *Ethics, Religion and Biodiversity*. Cambridge: White Horse.
Khalid, F., and J. O'Brien. 1988. *Islam and Ecology*. London: Cassell.
Nasr, S. H. 1996. *Religion and the Order of Nature*. New York: Oxford University Press.
Oelschlaeger, M. 1994. *Caring for Creation: An Ecumenical Approach to the Environmental Crisis*. New Haven: Yale University Press.
Palmer, M. 1988. *Lord of Creation*. Godalming, U.K.: WWF-UK.

Palmer, M., and N. Palmer. 1997. *Sacred Britain: A Guide to the Sacred Sites and Pilgrim Routes of England, Scotland and Wales*. London: Piatkus.
Palmer, M., S. Nash, and I. Hattingh, eds. 1987. *Faith and Nature*. London: Rider.
Prime, R. 1988. *Hinduism and Ecology*. London: Cassell.
Triolo, P., M. Palmer, and S. Waygood. 2000. *A Capital Solution*. London: Pilkington Press.
Shiva, V. 1992. "Recovering the Real Meaning of Sustainability." In D. E. Cooper and J. Palmer, eds., *The Environment in Question: Ethics and Global Issues*. London: Routledge.
Smith, J. R. 2000. *Living with Sacred Space*. London: Shell Better Britain Campaign.
Tucker, M. E., ed. 1998–2003. *Religions of the World and Ecology*. 6 vols. Cambridge: Harvard University Press.
World Wide Fund for Nature. 1987. *Creation Harvest Liturgy*. Godalming, U.K.: WWF-UK.
———. 1988. *Advent and Ecology*. Godalming, U.K.: WWF-UK.

Websites

Baha'i Faith

Baha'i International Community. Official website of the Baha'i faith.
www.bahai.org

Buddhism

Khmer-Buddhist Educational Assistance Project. Founded in 1988 to help Cambodian temple communities on development programs.
www.keap-net.org

Mlup Baitong. A Cambodian NGO working to increase conservation through education, training, and advocacy.
www.mlup.org

Tibet Environmental Network in Ladakh, India.
www.aptibet.org/ten.htm

Christianity

A Rocha: Christians in Conservation. A Christian network preserving wetlands and other important areas in Portugal, Lebanon, the United Kingdom, and elsewhere.
www.arocha.org

Evangelical Environmental Network.
www.creationcare.org

Earth Ministry. A Christian ecumenical, environmental, nonprofit organization based in Seattle.
www.earthministry.org

EcoCongregation. Network for "green" churches in Great Britain and Ireland.
www.encams.org/ecocongregation

National Council of Churches of Christ in the U.S.A.
www.ncccusa.org

Web of Creation. Interfaith organization providing online environmental resources for faith-based communities.
www.webofcreation.org

Hinduism

Declaration on Nature: The Hindu Viewpoint. From a personal website (Dr. Karan Singh).
http://www.karansingh.com/environ/dec01.htm

Friends of Vrindavan. A U.K.-based community that aims to preserve and enhance the sacred forests and ecology of the Vrindavan region, based on the spiritual values of Hinduism.
www.fov.org.uk

Islam

Islam Science, Environment, and Technology. Islamic Medical Centre's environment index.
http://www.islamset.com/env/index.html

Harvard Forum on Islam and Ecology.
http://www.hds.harvard.edu/cswr/ecology/islam.htm

Jainism

Jain Study Circle.
www.jainstudy.org

Judaism

Noah Project: Jewish Education, Celebration, and Action for the Earth. A U.K. group raising environmental awareness in the Jewish community through education, festivals, and practical action.
www.noahproject.org.uk

Coalition on the Environment and Jewish Life.
www.coejl.org

Sikhism

Khalsa Environment Project. Sikh initiative "towards a greener world."
www.KhalsaEnvironmentProject.org

Zoroastrianism

UNESCO Parsi Zoroastrian Project.
www.unescoparzor.com

Zoroastrian College.
www.indiayellowpages.com/zoroastrian

Multifaith

Alliance of Religions and Conservation.
www.arcworld.org

Association for Forest Development and Conservation. An organization established to protect Lebanon's forests and to work toward achieving sustainable conservation of natural resources.
www.afdc.org.lb

Interreligious Coordinating Council in Israel. List of websites for environment and religion.
www.icci.co.il/linkpageecologyreligion.html

Harvard University Center for the Study of World Religions, Forum on Religion and Ecology.
www.hds.harvard.edu/cswr/ecology/index.htm

Interfaith Center on Corporate Responsibility.
www.iccr.org

National Religious Partnership for the Environment.
www.nrpe.org

찾아보기

저자약력

마틴 팔머(Martin Palmer)는 종교와 지구환경보전연합(Alliance of Religions and Conservation, ARC) 사무총장이고 1986년 필립공과 함께 이 책에서 언급한 많은 일을 착수한 이태리 아씨시 행사를 설계했다. 영국 성공회 신부이며 캠브리지대학교에서 신학과 종교학을 수학하였다. 그는 세계의 많은 종교에 관해 책을 출판했고, 중국의 도덕경, 장자 같은 고전을 번역하기도 했다. 작년에는 공자를 영어로 출간하여 버킹검 궁에서 필립공이 출판기념회를 성대하게 개최해 주기도 했다. 그는 영국 BBC방송국에 종교, 윤리, 역사 문제를 정규적으로 기고한 사람이다.

빅토리아 핀레이(Victoria Finlay)는 ARC에 대언론자문관이다. 그녀는 스코트랜드 성 앤드류대학교에서 사회인류학을 공부했고, 윌리암, 메리, 버지니아에서 수학했으며 그 후 로이터에서 일했다. 5년 동안 그녀는 홍콩에 있는 사우스 차이나 모닝 포스트의 예술편집자였다. 그녀의 첫 번째 책 색채: 물감통을 통한 여행이 2002년 출간되었다. 마틴 팔머의 부인이다.

역자약력

심우경

〈약력〉
고려대학교 농과대학 원예학과 및 동 대학원 졸업[농학박사]
육군 병장 만기제대(1971~1874)
한국종합조경공사 설계부 주임, 대리 과장(1974~1980)
전남대학교 농과대학 조경학과 전임강사, 조교수, 부교수(1981~1988)
영국 뉴캐슬대학교 조경학교실 박사후 연수(1987)
고려대학교 농과대학 원예학과[환경생태공학부] 부교수, 교수(1988~2015)
고려대학교 환경생태연구소 소장(2007~2009)
고려대학교 명예교수[조경식물 및 식재설계. 한국정원학; 2015~]
(사)한국식물.인간. 환경학회 창립자 및 회장(1998~2002)
(사)한국전통조경학회 발기인 및 회장(2004~2006)
건설교통부 중앙도시계획위원회 위원(2013~2014)
하버드대학교 디자인대학원 조경학과 design critic(2004년도 봄학기)
LH공사 녹색건축심의위원회 심의위원(2010~)
세계상상환경학회 창립자 및 회장(2015~)
〈설계〉
동작동 국립묘지 조경설계(1974~1976)
국립공원 설악동 집단시설지구 조경설계(1977)
제주 카페리터미날 조경설계(1978)
사우디아라비아 젯다시 IC10 조경설계 및 감리(1979)
목포 유달산 조각공원 설계(1986)
곡성군 1004장미원 설계(2008) 외 다수
〈저서 · 역서〉
조경수목학(공저, 문운당, 1987)
조경식재설계(공저, 문운당, 1988)
서양조경사(공저, 문운당, 2005)
Korean Traditional Landscape Architecture(Hollym, editor-in-chief, co-author); 한국조경학회 우수저술상,
옥상정원(보문당, 역, 2000); 한국백상출판문화상,한국환경복원녹화기술학회 번역상(제1호)
중국의 전통조경문화(문운당, 공역, 2008)
브라운필드 재생기술(대가, 역, 2011)
도시농업(미세움, 공역, 2012)
〈논문〉
학교의 옥외환경 개선을 위한 조경학적 연구[박사학위 논문] 외 130여 편

최진아

고려대학교 생명과학대학 환경디자인학 융합전공 졸업[조경학사]. CITES 인턴근무 중.

안정록

고려대학교 생명과학대학 환경디자인학 융합전공 졸업[조경학사]. 하버드대 디자인대학원 조경학과 재학 중.

지구환경보전과 신앙
- 지구환경보전에 대한 신앙적 새로운 접근 -

인쇄 2016년 10월 1일 1판 1쇄 **발행** 2016년 10월 3일 1판 1쇄

지은이 마틴 팔머 및 빅토리아 핀레이 **옮김이** 심우경 · 최진아 · 안정록
펴낸이 강찬석 **펴낸곳** 도서출판 미세움 **주소** (150-838) 서울시 영등포구 도신로51길 4
전화 02-703-7507 **팩스** 02-703-7508 **등록** 제313-2007-000133호
홈페이지 www.misewoom.com

정가 13,000원

ISBN 978-89-85493-48-2 93530